IL PIACERE DELLA CUCINA GIAPPONESE E IL VINO ITALIANO

和食で愉しむイタリアワイン

林 茂
SHIGERU HAYASHI

BANRAISHA

まえがき

私が初めてイタリアに赴任したのは一九八二年のこと。会社に入社して五年目でミラノにある和食店のレストランの支配人として赴任することになりました。

この店は、ミラノの中心地スカラ座の脇にあり、ミラノでも知られる高級和食店でした。一階は六人掛けの鉄板焼きのテーブルが六台、二階はすき焼き、しゃぶしゃぶのフロアー、地下には畳の和室が四部屋ありました。

赴任当初は日本人客が多かったのですが、努力してイタリア人客を増やしました。ところが、イタリア人客が増えると、今度は客の好みにも合わせなければならず、売上を増やすことも考え、ワインに力を入れることにしました。もちろん自分の勉強になるとも考えました。

そこで、ワインを自分で仕入れ自分で売ることにして、休みを返上してワイナリーを訪問しました。店に売り込みに来るワインのセールスマンに頼み、よさそうな先を選んでもらい訪問する。このパターンでワイナリー巡りが始まりました。生産者側も、商売になるレストランの支配人ということで、どこに行っても皆手厚くもてなしてくれて、自分のワイン造りに対し熱っぽく語ってくれました。私はセールスマンへの感謝の意も込め、訪問した先から一〇ケースのワインを必ず購入していました。ワインが一番売れるのはイタリア人客の多い鉄板焼きのフロアーでしたので、私は毎日鉄板焼きのフロアーでオーダーを取り、客からワインの注文を受け、自分の責任で購入したワインを販売していました。こうして、和食とイタリアワインとの相性実践が始まりました。一三年に及ぶ二度のミラノ駐在を経て、日本に帰りワインを輸入する仕事に携わったり、会社を離れてイタリア食材の専門店の経営などを行いましたが、日本におけるイタリアワイン市場については常に何か物足りなさを感じていました。イタリアワインを主に扱うイタリアレストランが一万軒以上あるといわれながら、そのほかのレストランや家庭ではあまりイタリアワインは飲まれていないからです。

今日、イタリアワインはその生産量においても、輸出量においても世界一を誇るにもかかわらず、日本では輸入ワインの二割にも届かず、フランスワインの半分以下の数字になっています。

この状況を打開するには、イタリアレストラン以外でも消費してもらうことが重要だと考え、まず、経験のある伝統日本料理とイタリアワインと合わせてみることにしました。そうすれば、その延長にある家庭においてもイタリアワインを試してもらえます。

この本では、広く読者の皆さんのイタリアワインと和食の理解を深めていただけるよう、和食店での実践のほか、家庭で試せるイタリアワインと家庭料理の相性表を加えました。

この本を通じて、イタリアワインが和食店でより多く扱われるようになり、家庭においても消費される機会が拡大するなら、著者としてこれに過ぎる喜びはありません。

林　茂

●もくじ●

1 日本料理にこそ イタリアワインを

IL PIACERE DEL VINO ITALIANO CON LA CUCINA GIAPPONESE

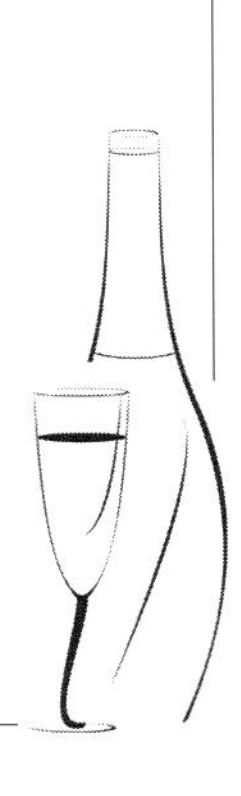

日本とイタリア

日本とイタリア

日本人はイタリアが大好きだ。どこの百貨店に行ってもイタリアのファッション・ブランドが並んでいるし、街中を歩けばイタリアの国旗をかざすイタリアレストランがたくさんある。その数は一万軒を超え、これにピッツァハウスやパスタハウスが加わり、日本中に浸透している、世界でも珍しい自国民が経営するイタリアレストランの多い国だ。パスタやトマト、オリーブオイルなどは一般家庭にストックされ、スーパーでの品揃えも多くなった。

サッカーのセリエA、ミラノのスカラ座、フィレンツェのウフィーツィ美術館など多くの日本人が知っている。百貨店がイタリア展を行えば、外国の催事としては最大の集客力があるという。

一方のイタリアにおける日本はというと、ソニー、パナソニックなどのテレビやパソコンは実際に使われ、トヨタやニッサン、ホンダなどの日本車も街を走っている。バイクともなれば、ホンダ、カワサキ、ヤマハなどの日本製が独壇場だ。また、セーラームーン、ドラゴンボール、キャプテン翼などの日本のアニメはイタリアでも大人気である。

ところが、イタリアと日本に住む日本人とイタリア人の数はというとそれほどでもない。外務省、法務省の二〇一七年の調査によれば、イタリアに住む日本人は一万三〇〇〇人。日本に住むイタリア人は四〇〇〇人。フランスでは日本人が四万二〇〇〇人、イギリスで六万五〇〇〇人、アメリカにいたっては四二万人が住んでいる。

欧米の商品やブランド、芸術、美術、文化財が日本でよく知られているにもかかわらず、人的交流が極めて少ないといわざるを得ない。フランスに住む日本人はイタリアの三・二倍、イギリスでは五倍、アメリカでは三二倍に達する。私の知る二〇年前にはイタリアに住む日本人が二〇〇〇人、日本に住むイタリア人は一〇〇〇人だった。この二〇年でかなり増えているが、ほかの国に比べるとまだかなり少ない数だ。

この数字が意味するところは、物の行き来があっても人の行き来が少ないということだろう。実際には観光で訪れる人が増え、ある程度互いの国を見て知っている人が増えても観光だけではその国の実情を理解するのは難しい部分がある。

私は一三年間イタリアにおいて日本のビジネスを行い、日本においても八年間ほどイタリアの食品を輸入し販売する仕事に携わった。イタリアで和食のレストランの支配人をしていたのは一九八二年だから、現在とは状況が違っていた。一九七九年にイタリアのモロ首相が暗殺され、ミラノといえどもまだ治安がよくなく、赴任時に同僚から、「くれぐれも注意しなさい」といわれた。

それが一九九〇年、二回目に駐在員事務所の開設で赴任した時には、周りの若い女性から、「いいですネ。買い物ツアーで行ったら、宜しくお願いします」といわれたものだ。

イタリアにおける駐在員の仕事は、まずイタリアが日本と違う点を日本に伝えることで、会計上の仕分けや損益計算書の考え方も異なる。そして会社や事務所を運営する段になると、イタリア人の労働上の問題も解決しなければならない。労働組合は日本よりもはるかに強く、実行力があった。販売においては、重要な点は売ることだけではなく、売ったもののお金をいかに回収するかだった。

一方の日本でのイタリア食品輸入はどうかというと、問題は契約や会社を作るというところからはじまる。イタリア人がいくら日本のテレビや車の性能を知っていても、日本人の考え方はよくわからない。これは伝統があったり、お金があったり、有名になったりした会社ほどやっかいだ。

イタリア人の特性として、〝何とかなるはず〟、という思いがある。イタリアで新規事業を起こす場合や新製品を開発しようとする場合は非常に有効だ。しかし、日本では一歩間違えば日本の法律をおかす可能性があり、商品も販売できないものになってしまう。日本への輸入規制は異常に厳しいものが多くあり、商品によっては、世界のほかの国に比べ圧倒的に厳しく、輸入障壁になっているものもある。これもイタリア人には到底理解できるものではなかった。

日伊間の長年にわたる互いのイメージ改善が行われなかった原因にジャーナリズムがある。イタリアのテレビでは、日本のイメージとして流される映像に満員電車にギューギュー詰めに押されて入るシーンがあった。日本でも陽気なイタリア人があいそをふりまいて女性に声を掛ける場面などが多く流された。要するに、イタリアでは優雅にバカンスを楽しむ日本人は絵にならないし、日本では勤勉なイタリア人の働く姿は受けなかったからだ。イタリアのテレビで、〝マイ・ディーレ・バンザイ（あきらめない）〟という番組を流していたが、〝風雲！たけし城〟かなにかだったと思う。これを画像のみ、音声を消して、イタリア人が大笑いしながら解説する。

日本でも〝いかにもイタリア人〟イメージのタレントがイメージキャラクターとして多用され、一部の古いイタリアのイメージを誇張している。

日本とイタリアが互いに理解を深めて行くには、言葉の問題もあるが、まず人的交流を深め、実際に互いのよさや問題点を発信、指摘できる人の数を増やしていく地道な方法が必要ではないかと思う。

日本とイタリアは似ている

日本は北半球の太平洋に面し、中国、韓国に近く、連なった南北に長い島国だ。海に面し、島の中央に山脈が走り、山あり、谷あり、湖ありと自然に恵まれた国で、四季を持っている。

イタリアもヨーロッパの地図を見ると、地中海につき出した半島で、背骨にあたる部分にアペニン山脈が走り、山あり、谷あり、湖ありで、日本同様、多様で変化に富んだ自然を有する国で、北半球の四季を持つ国である。両国は自然環境において、非常によく似た国ということができる。

当然のことながら、海に囲まれ、四季のある自然環境から、多くのハーブ、野菜などが収穫できる。この、季節に応じて収穫のできる豊富なハーブや野菜、海の幸、山の幸は、新鮮で、多くの場合あまり手を掛けなくとも美味しく料理することを可能にしている。つまり、よい素材を使ったシンプルな料理ができるわけだ。

気候がよく、豊かな食材があることによって料理はシンプルなものになり、素材の味わいをいかに引き出すか、ということが調理のポイントになり、料理に使う素材をよく知り、そのよさを追求するという点で、日本料理とイタリア料理の共通点があるということができる。こうした理由から、イタリア人の作る料理が日本人に合わないはずがないといえるだろう。

日本では一九八〇年以降、イタリア料理店の数が増え、フランス料理店の数を超え、全国で一万軒に達している。そのほとんどがイタリア人の経営する店ではなく、日本人シェフが作るイタリア料理店になっている。日本に住むイタリア人の数は非常に少なく、イタリア移民の多い欧米の国々とは事情が異なる。こうしたことからもイタリア料理がいかに日本人に向いているかがうかがえるだろう。

既にパスタはうどんやそば同様に日本人の一般家庭の日常に欠かすことのできない食材になっている。近年、ホールトマトやトマトソース、オリーブオイルも欠かせない食材になってきている。

また、イタリアにおいても近年寿司がブームになり、食における両国の関係がより近いものになってきた。例えば、日本におけるスズキの薄造りにはしょうゆとワサビを使用するが、これにオリーブオイルをかけ、レモンを添えればスズキのカルパッチョになる。

日本とイタリアの共通点は地理的なものや料理にとどまらない。日本もイタリアも古くからの独自の文化をもっている国だ。そして、それがほかの国よりも多く残され、今に受け継がれている点が共通している。

古代ローマの時代から常にヨーロッパの中心にあり、独自の文化を作りあげてきたイタリア。そして島国で長い間ほとんどほかの民族の侵略を受けず、独自の文化をはぐくんできた日本は、やはり独自の文化を所有しているということができるだろう。

また、私もイタリアに長く住んでみてわかったことだが、イタリア人は多くの人種の混血で、一般的にはそれほど背が高くなく、肌の色もそれほど日本人と違っているわけではない。とにかく上から見下ろし、青い目で圧倒されることはない。逆に人なつっこく、気軽に話をしてくれる人が多いので、日本人にとっては親しみやすい国民性ということができるだろう。

古代ローマの時代から、ローマ人は風呂が大好きだった。今でもローマやポンペイの遺跡に行くと、ローマ人の風呂へのこだわりと、いかに好んだかがうかがえる。とにかく当時の街には必ず大きな公衆浴場があったわけだから。日本人も風呂好きで温泉好きだ。いったい日本国中にどれだけの数の温泉があるだろう。両国の風呂好きには共通する理由がある。

まず両国とも山や火山のある国で、水や温泉が豊富にある。だから、古くから大量の水を使い、流してきた。パリやブラッセルなど、北ヨーロッパの都市では、使える水の量が少なく、風呂で大量に使い、流すことなどできなかったことだろう。そのおかげで、体臭を消す、香水が発達したともいわれている。

豊富にある水のおかげで、日本人はお店に入っても水はタダで出てくるものと思っていた。それは、日本に飲料用の水が豊富にあったからだ。

一方のイタリアもヨーロッパ一のミネラルウォーターの生産国で、周辺の国々をはじめ世界中に輸出している。私もミラノで生活していた時には毎週一八リットルの水を購入し、ご飯をたくのにもこの水を使っていたが、豊富な水も、その使い方も、両国に共通する自然環境から生まれたものといえるだろう。

日本とイタリアの相違点

国民のほとんどが幼児洗礼を受けるイタリアは、カトリックの国だ。そして、ローマにはキリスト教の総本山、バチカンがある。

一方、日本人の大半は仏教徒ということになっているので、両国の日常生活の基本となる部分にかなりの隔たりがあると思う。また、運よく第二次世界大戦まで他国の支配を受けなかった日本に対し、イタリアはその歴史の中で、多くの異民族の支配を受け、実際イタリア国として統一されたのも一五〇年ほど前のことだ。

ほぼ単一民族で互いにコミュニケーションを取るのにそれほど苦労を必要としなかった日本人に対し、多くの民族が混ざり合い、同化していったイタリア人は、コミュニケーションを取るのに多くの言葉を要し、言葉を通じてわかり合える関係を築いていきた。

それが今日にも受け継がれ、彼らは一日に何度もＢＡＲ（バール）に立ち寄って友人や知人との会話で情報交換を行っている。

日本は、高校野球に代表される、グループでの活動や、会社における組織による活動など全体主義的な国だが、イタリアはあくまで個人主義的な国だ。

まず本人があって家族があり、その外に会社がある。一方の日本では、未だに会社人間が大半を占め、それに家族が付随している感がある。子供が私立にでも進学すると、転勤する父親のほとんどが単身赴任になる。イタリアでは転勤を非常に真剣に考える。まず、家族でよく話し合い、どうするかを決めるが、時には家族で一緒に生活することを優先し、その会社を辞め、別の会社に移ってしまうこともある。

つまり、個人の私生活が第一番目にあって、次に仕事があると考えるためで、日本のサラリーマンのように会社中心では到底できないことだ。

日本人は真似の上手な国民だといわれてきた。ひとむかし前までメガネを掛け、カメラをもつ日本人の姿が海外におけるその典型的なイメージだった。

一方のイタリア人は十人十色。他人の真似をしたがらない国民で、幼稚園から大学まで制服のない国だ。個人の自由を尊重することから他人と違うイタリア人が生み出される。私の知人で、スカーフのデザインをしている女性が、イタリアに来てデザインの仕事が楽しくなったといっていた。日本では決まった枠の中でしかデザインできなかったので窮屈だったが、イタリアでは枠からはみ出しても自由にデザインできたからだ。

イタリア人は食事などの時によく話をする。そして他人にも意見を求める。こんな時、笑顔で時が過ぎるのを待つのが一般的な日本人だ。日本では間違ったことをいうよりも黙っていた方がよいのだが、イタリアではにこやかにしているだけの気味の悪い外国人になってしまう。また、声を発しなければ存在価値を認められないのもイタリア的な社会だろう。

日本では腹八分とよくいう。イタリアでは腹八分はあり得ない。特に家に招待された時などには大量の食べ物が出てくる。イタリア人の食事はお腹一杯食べてはじめて食事になる。そして自分たちのフェスタ（お祭り）なので、子供もなしでゆっくりと長時間楽しむ。

イタリアにおけるアルコール飲料、特にワインに対する考え方は日本と異なる。ワインは宗教上の儀式でも使用するが、古くはアリメント（滋養物）ととらえられていたため食事の一部と考えられていた。車の運転でも日本では厳しく咎められるがイタリアでは比較的寛大だ。

私がミラノでレストランの支配人をしていた時の話だ。イタリア人のまかないにはなぜか一杯の赤ワインがあった。それを見た日本人の職人が我々にもビールを飲ませて欲しいといい出した。仕事中にビールは好ましくないと判断し、逆にイタリア人にもワインはＮＯ！　といい渡したところ、食事中にワインを飲む権利があるという。そこで一応就業規則を調べたところ、なんと〝食事には一杯のワイン〟とある。まさかと思ったが、いや、さすがワイン文化の国、日本との違いを思い知らされた。

日本ではあまり車の盗難は見掛けないが、イタリアでは日常茶飯事だった。私もミラノで三回経験している。こうした安全という意味では、日本はかなり安全性の高い国だが、イタリアはあまり安全でない国のひとつだろう。親も子供が一二才になるまでは一緒にいなければいけない義務があり、食事などで外出する時にはベビーシッターが必要だ。安全なことが普通である日本では考えられないことだ。また、イタリアでは子供の学校への送迎も親の仕事だ。親は労力と時間をかけなくてはならず、安全性を確保することは社会的な大きな負担になっている。

このように、イタリアにも問題点がたくさんあり、日本にも多くの問題がある。この似ているようでいて似ていない国同士がさらに関係を深めていければ、お互いにさらによい国になっていくのではないだろうか。今回はイタリアの誇るイタリアワインと、今世界でも人気を博している日本の料理を合わせることによってお互いのよさを十二分に発揮し、興味深い組み合わせができるであろうことを確信している。

なぜ日本料理とイタリアワインか

日本料理はイタリアワインで楽しくなる

日本はイタリアと似ているということは既に記した。地中海にとび出した南北に長い半島と太平洋に面した島国。四季があり、山あり、谷あり、川ありで気候的にもよく似ている。海に囲まれていることから、気候のよい南部や海沿いではハーブ類、ハーブ野菜が育ち、料理にアクセントを加えるだけではなくヘルシーな料理にしてくれている。また新鮮な魚介類が多くとれることも共通点といえるだろう。

イタリアも日本も海に面した気候がおだやかであることから、こうした新鮮な素材が豊富にあり、この素材のよさを引き出すべくその調理法がシンプルになった。イタリア料理と日本料理には基本的な部分で共通点があるといえるだろう。

野菜やほかの素材にこだわり、シンプルな味付けで食することとから、イタリアをはじめとするヨーロッパの海沿いの地域の料理が日本に伝わり、大人気を博している。

〝天ぷら〟は外国人にも人気の日本料理だが、元々は一六世紀に日本にキリスト教を伝えた伝道師が日本人に教えた料理と考えられている。キリスト教において肉を食べない時期を〝テンポレ〟と言っていた。この期間、野菜と魚に小麦粉をまぶし揚げた料理で、肉なしで過ごした。これがなまって〝テンプラ〟となったといわれる。〝テンペラトゥーラ（温度）〟が重要であったから、という説もあるが、天ぷらには今日でも肉を入れないことから前者の説が正しいといえるだろう。

ほかに南蛮漬けなども、イタリアをはじめとするヨーロッパの海沿いの国々で行われていた魚介類を保存するための調理法が日本に伝わったものだ。

日本料理とイタリア料理では、調理するうえでの味付けは異なるものの、調理のしかたには共通点が多くある。

　例えば、魚のカルパッチョがある。オリーブオイルと塩で食べればイタリア料理だが、しょうゆとワサビで食べれば日本料理になる。だから、カルパッチョが日本で人気を得、寿司がイタリアで気に入られるのも当然のことだと思う。

　シンプルな料理が基本のイタリアでは、ワインもシンプルに造られてきた。ワインだけで飲むように造られたわけではなく、大半のワインが料理に合わせて造られている。だから酸がやや高めで、甘みがそれほどでない、ワイン新興国とは違った食事に合わせることを基本とした味わいのワインを造ってきた。

　こう考えると、シンプルな味わいのイタリア料理に合わせて造られたイタリアワインが、同様にシンプルな味わいの日本料理に合わないはずがない。

　近年まで、イタリアの白ワインはほとんど小樽の熟成なしで造られてきたから、イタリアでは前菜から魚料理までよく合うワインだった。同様に、このシンプルな味わいの白ワインは、デリケートな味わいで、素材を大切にする日本料理にも合わせることができるわけである。

　さわやかな酸とフルーティさが特徴のイタリアの白ワインや、シンプルでバランスがよく、食事を通して飲んでも飽きの来ないイタリアの赤ワインは、日本料理によく合うといえるだろう。また、これらのワインは、一般の日本人の味覚そのものにも合っているといえるのではないだろうか。

　日本全国に一万軒のイタリア料理店があるといわれている。日本に移民したイタリア人はいないので、そのほとんどが日本人によって運営されていることになる。これほどイタリア料理に人気がある国でありながら、ワインはというと、その大半がフランスワインで、イタリアワインはその三分の一程度だ。

　日本では、明治維新以降、西洋料理はフランス料理、ワインはフランスワインということになっていて、それが今日まで継続されてきた。有名ホテルのメインダイニングはフランス料理で、そこでサーヴィスされるワインはフランスワインだ。そこで、料理をサーヴィスするソムリエのベースもフランスワインになっている。当然のことながら日本におけるソムリエ協会の資格試験もフランス中心となり、今でもフランスワインを中心に勉強するソムリエが継続されているのも事実である。

世界におけるワインの消費をみると、毎年ワインの生産量は、イタリアがフランスよりも生産量が多くなった。また、輸出量においてもイタリアの方が多く、ドイツやアメリカではイタリアワインがNo 1の輸入量を誇っている。

日本は伝統と格式を重んじる国なので、有名ホテルでは格式ばったフランス料理が出され、それに合わせるワインは数万円もする有名フランスワインで、結婚式などには必ずフランスワインが用意されていた。

先に述べたように、日本における有名ホテルの総料理長はフランス料理出身で、彼らが重職につき、その下は当然のことながらフランス系がつながってきた。同様にソムリエもフランス系になる。日本のソムリエ協会もフランス系で成り立ってきている。

最近、日本におけるチリワインの輸入量が大幅に増え、さらに、もっとカジュアルにワインを楽しむ機会が増えればイタリアワインのみならず日本におけるワインの消費は拡大していくに違いない。

また、イタリアワインに代表される、ヴァラエティがあり、さわやかな酸を残したシンプルワインが日本の料理と合わされる機会が増えれば、和食の楽しみ方もさらに広がってくるだろう。

日本では古くから料理には日本酒が用意されてきた。日本は水が豊富にあることから稲作が適しており、日本人の主食となってきた。しかし、いつしか〝晩酌〟と称して、酒を飲んでストレスを解消するとか、互いにある程度酔うことを前提に日本酒を飲むようになった。こうしたことから、日本酒に合わせるつまみを〝当て〟として酒の肴が必要になった。なぜなら、日本酒にはほとんど酸がなく、甘く感じられるため、塩からい、もしくは酸っぱい〝当て〟が日本酒との味のバランスをとるのに都合がよかったからだ。

〝当て〟が用意できないときには、塩をなめるという酒飲みまで出現し、酔うために酒を飲む習慣がなじんで行った。

一方、イタリアをはじめとする西洋の国では、古くは、ワインはカロリー源として、滋養物という意味合いもあったが、常に食中酒という位置付けにあった。それには理由がある。ワインは、生のブドウから造られる。これは日本酒ほかの穀物から造られるアルコール飲料との大きな違いだ。穀物は保存できるし、水と酵母（日本酒の場合は麹）さえあればいつでもできる。これに対しワインはいつでもというわけには行かない。生のブドウだけに、収穫の時期が重要だ。ブドウを一週間前に収穫しても、一週間後に収穫しても同じワインはできない。なぜなら、早く収穫すれば酸は残るが糖度が足りなくなり、遅く収穫すれば糖度が上がりアルコールは高くなるが酸が少なくなってしまう。この両方のバランスをとって、ちょうどよい時期にブドウの収穫を決めるのも、ワインメーカーの大事な仕事だ。こうして、生のブドウから造られるワインは、時間的な制約と労力を費やすが、その代償として、ほかのアルコール類にはない酸を手にする。この酸があれば、アルコール分、フェノール類などとの相乗効果もあり、長期の保存も可能になる。それだけではない。ご褒美の酸があることから、酸をほとんど持たない保存性の高い食品との相性が可能になる。

イタリアでは、地下の倉庫においてあるものの作業は男性の仕事だった。だから、客が来ると、地下の倉庫にワインを取りに行き、ついでにチーズやサラミを持ってあがる。そして、これをサーヴィスするのも男性の仕事。保存性の高いチーズやサラミ類にはほとんど酸がなく、ワインのきりっとした酸をあてがえばその相性は抜群で、料理をせずにワインを楽しむことができる。だから、イタリアでは人が来ても女性は働かなくてもすむ。日本ではそうはいかない。奥さんはせっせと日本酒に合うつまみを作らなければならないからだ。

話は脱線したが、こうしたことから、ワインは日本料理とも合わせることが可能だ。あまり酸を感じない天ぷらやすき焼き、しゃぶしゃぶ、焼き肉、ウナギのかば焼き、焼き鳥、串揚げなどの料理にはもちろんのこと、少し工夫をすれば寿司や刺身などとも合わせることができる。

もっとイタリアワインを！

四〇年ほど前まで、日本に輸入されるイタリアワインは、世界各国から輸入されるワインの二〜三パーセントでしかなかった。フランスワインは今日でも四五パーセントと輸入ワインの約半分を占め、価格の手ごろなチリワインも多く輸入されるようになった。しかし、イタリアワインは、日本の一万軒を超えるイタリアレストランをもってしても十数年前から日本市場におけるシェアは一八パーセント前後とあまり増えていない。

本国イタリアのワイン生産はフランスを凌ぎ、輸出量においてもフランスを上回り、世界一を誇っているにもかかわらずに、である。

古くから日本においてフランスワインがこれほど受け入れられたのは、西洋料理イコールフランス料理、ワインイコールフランスワインという図式があったためだ。フランスワインはフランス料理店だけではなく、中華料理店、日本料理店でも取り扱われるようになった。

一方イタリアはフランスを凌ぐワイン輸出国でありながら、日本に輸入されるイタリアワインのほとんどが、イタリア料理店で消費されていた。輸入がイタリア関連の専門業者によって行われていた、という事情もあった。

それが一九八〇年代のイタリアブーム、さらにイタリアの高級品ブームに乗って、日本にも高級イタリアンが輸入されるようになり、酒類メーカー、卸売業者、フランス系輸入業者などが参入して、イタリアワインのシェアは大幅に拡大した。

とはいっても、二〇パーセントに届かない。そのシェアはフランスの三分の一と、ほかの先進国におけるイタリアワイン輸入の割合には達していない。

既に述べたように、イタリアでは古くからワインが飲まれてきた。キリスト教で認められ、聖なる飲み物として人々の間に定着し、受け継がれてきた。イタリアにおけるワイン造りの歴史の長さとイタリア各地の独自性があいまって、各地に独自の料理が生まれ、その土地で造られるワインと合わされることが多かった。

ときにはランブルスコのように、その土地の名物であるバターやパルメザンチーズ、トルテッリーニ（ひき肉などの詰め物パスタ）、ザンポーネ（豚の足のつま先に肉を詰めたクックドサラミ）など、チーズ、肉加工品の脂肪分をぬぐいさるようにと、発泡性に作られた辛口赤ワインもある。

一方、バローロやバルバレスコなど伝統の力強いワインの産地であるピエモンテ地方のアルバを中心とする地域では、古くから牛肉を赤ワインでマリネにしてからたくさんの野菜と一緒に煮込むブラザートやストゥファート（蒸し煮にした肉料理）、ストラコット（肉の煮込み料理）などの料理が生まれた。

これもこの地方にすばらしい長熟赤ワインが古くからあったためということができる。

いずれにしても、南北に長いイタリアの中部から南部にかけての地方では、気候も温暖で野菜やハーブが育ちやすく、味わいもあったことから、これらの野菜や素材をあまり調理せず、シンプルな方法で仕上げた料理が多い。

これらのシンプルな料理に合うように造られたイタリア各地のワインは、酸を残し、さわやかで果実感のある味わいに仕上げられているのだ。

日本料理にイタリアワインを！

私が初めてイタリアに赴任したのは、一九八二年のこと。当初はどの国に行くかわからなかったのだが、ある日、同期三人が担当役員に呼ばれ、行き先が決まった。一人はアカプルコ、一人はサンパウロ、そして私の行き先はミラノだった。

翌日から渋谷の語学学校に通い始め、三ヵ月後に赴任したが、イタリア語はほとんど通じないまま。レストランの仕事は想像以上に厳しく、肉体的にも精神的にもかなりハードなものだった。しかし、イタリア赴任後、せっかくイタリアに来たのだから、何かひとつ身に付けて帰ろうと考えた。そこで毎日必ず一本のワインをあけようと決め、最初のうちは飲んだワインのラベルを集め、はがしてノートに貼り、スクラップブックを作っていたのだが、空き瓶の山ができ、さらに瓶にカビが生えてしまい、結局、七〇〇枚ほどのノートができあがった。ノートのラベルのページには、いつ誰と飲んだとか、何を食べたとか記してあり、後で見返すと、その時の情景が浮かんできて一枚の絵のようになった。

レストランでは、売り込みに来るイタリア人のセールスの話は全て聞くことに決め、それがかなりの押し売りとわかっていても話を聞いた。なかに非常に熱心で丁寧なセールスがいたので、私は自分の休みの日にワイナリーを見に連れて行ってくれるよう頼むようになった。主に北イタリアのワイナリーだったが、休みの度に出かけるようになり、セールスからはその代償として、一〇ケースのワインを購入していた。当時は一二本入りだったので、結構売るのは大変であったが、比較的ワインの売れる鉄板焼きのフロアーで先頭に立って精力的に販売した。しかし、わずかしかない休みの日にいつも家にいなかったので、家内からはかなりのブーイングだったのを覚えている。

とはいえ、この時ワインは食と一緒に楽しんでもらうものであることを痛感した。また、そのワインを造る地域や人の背景を知らずして人に勧めるのはむずかしいということも学んだ。三五年も前、特にイタリア人にとってなじみのない日本料理を勧めるにあたって、食に対して非常に保守的なイタリア人の食文化を考えれば、料理に日本酒ではなく、イタリアのワインを勧めることは当然のことだっただろう。とはいえ、当時は日本料理とイタリアワインの組み合わせなど考える人もなく、このころから日本料理とイタリアワインの相性を考え始めていたのかもしれない。

四年半ほどこんなことをしていたが、一度日本に帰国して、さらに四年後、再びイタリアに赴任したときには、既に食品の輸入販売の仕事をしていたことから、食への関心が高まり、イタリアの食材を解説した「基本イタリア料理」という本を出版することになった。

イタリアでは食を語るとき、ワインの知識は不可欠で、自然の流れでワインを勉強することになった。エノテカ（ワイン専門店）の講座に通い、多くのワイナリーも訪問したが、何か足りない、と思うようになりレストランで働いていなければ資格を取れないイタリアソムリエ協会（ＡＩＳ）の資格を目指した。

当時は最終資格を取得するのに三年の期間が必要とされていた。それは、三段階あるコースが一年に一度しか開催されなかったからだ。コースは夜九時から一一時までで、毎回家に帰るのは一二時近くになっていた。

ようやく三年で最終試験に合格、認定証をもらいに行くと、「あなたはイタリアでソムリエの資格を取った最初の日本人です」といわれ、全く考えてもいなかったので、自身びっくりした。

2 日本料理とイタリアワイン
− 実践編 −

L'ABBINAMENTO VINI ITALIANI E CIBI GIAPPONESI;
IL PROGRAMMA

寿司

寿司に負けない酸の効いたワインを合わせる

銀座寿司幸本店

ソアーヴェ生産者保護協会副会長
サンドロ・ジーニ氏

杉山衛社長

銀座で創業一三〇年を誇る銀座寿司幸本店は明治一八年、銀座六丁目に開店した。江戸前寿司でも有数の歴史を誇る名店の一つである。

現オーナーの杉山衛《すぎやままもる》氏は、大学を出てから後、店に入った。店を継ぐはずだった兄が店を出てしまったため、継ぐことになったという。四代目になった杉山氏は、ワインに詳しい寿司職人としても知られる。常に数百本のワインの在庫を持ち、客の希望を聞いて、自分で倉庫へ探しに行く。

私が杉山氏と一緒にトリノで行われたスローフード関連のイヴェントに参加したのは一五年ほど前のことだ。以前、ミラノに駐在していた際、私が副社長をしていたミラノの日本食レストラン、レストランサントリーの支配人をしていた男が、ミラノで和食の店をやっていたので、その店でマグロほかの食材を調達し、車でトリノまで運んだ。杉山氏は包丁などの道具のほか、しょうゆなどの調味料も持参していた。本人曰く、できる限り日本の味に近いものをわかってもらうためとのこと。トリノでは、スポンサーであったチェレット社のアルネイス・ブランジェと江戸前寿司の相性セミナーや、ホテルレストランでのプレゼンテーションディナーも行った。

カレイ、タコ、イカの刺し身

① ヴィーニャ・デッラ・コルテ
コルテ・アダミ社

その後も何度となく店に伺わせていただいている。杉山氏が陣取る二階の一二席を予約し、ワインを持ち込み、イタリアワインと寿司の会をコンスタントにお願いしている。

持参するのは白ワインのみならず赤ワインも。ただし条件がある。赤は一〇年、それ以上の熟成を経たものを合わせる。かなりユニークな組み合わせも経験させていただいた。

ここでは、イタリア白ワインの代表格、ソアーヴェの生産者保護協会のワインを合わせることにした。

ソアーヴェと合わせる

四〇年ほど前、イタリアワインはまだまだ知名度が低く、赤はキアンティ、白はソアーヴェという時代が続いた。ソアーヴェはその後かなりカジュアルなワインになっていったが、近年生産者の努力によってテロワールに応じたワイン造りが行われるようになり、その品質は飛躍的に向上した。特に、長期の保存に耐えるジーニ社はじめのワインは、ガルガーネガ種が醸し出すミネラル感や旨みを含み、寿司にも抜群の相性をみせた。

店でサーヴィスするワインに対して、杉山氏にはこだわりがある。たとえ客が持参したワインであっても、ワインは必ず自分が開ける。この道具たるや、その辺のワインバーではとてもかなわない。持ち込まれたワインは熟成されたものが多く、コルクがダメージを受けているケースが多いからだという。

ミネラル分の多い白ワインが合う

まず、最初にサーヴィスされたのは、カレイ、タコ、イカの刺し身、それに蒸しアワビに白エビ、アジのたたきと、フレッシュな白ワインを意識したものだ。

甲殻類、貝類は甘みの中に少し苦みを含むので、この苦みの部分がワインに含まれるブドウの皮の苦みと合うような気がする、と説明があった。

確かに、甲殻類、貝類にはミネラル分を多く感じる白ワインが合う。実際にワインと合わせてみてもソアーヴェに使われているガルガーネガ種のアロマと余韻に残る苦みの部分が実によく合う。ブドウの木の樹齢が五〇年を超えるものの方が地下のミネラル分をよく吸い上げるので旨みを増す。

ソアーヴェの生産者保護協会副会長を務めるサンドロ・ジーニ氏は、自園の火山性土壌に植えられた樹齢一〇〇年以上の木のブドウを使ったワインを造っている。ワインは、時

② **ドゥーカ・ディ・フラッシノ**
カンティーナ・ディ・ソアーヴェ社

アナゴの白焼きの生わさび添え

間をかけて造れば、白であっても長熟ワインになるという。

刺し身に合わせる

杉山氏が用意してくれた、なかなか手に入らないという、幻の星カレイに少しオリーブオイルをまぶし、イカとタコの黄身酢和えを乗せた刺し身は、コルテ・アダミ社のクリュワイン、**「ヴィーニャ・デッラ・コルテ」**の辛口に実によく合い、心地好い旨みの余韻を残してくれた。

この後、料理はアナゴの白焼きの生わさび添え。ミネラルを感じさせるカンティーナ・ディ・ソアーヴェ社の**「ドゥーカ・ディ・フラッシノ」**を口に含むとアナゴの甘みが引き出され、ガルガーネガ種を使ったソアーヴェの力が発揮される。アルコール分をやや感じやすくなるがアナゴの香りも立ち、旨みを含む味わいも一層引き出してくれる。

寿司に合わせる

さらに、マアジ、ウニ、車エビ、マグロの漬け、炙りトロ、コハダ、シイタケ、煮ハマグリと握り寿司が八貫続く。これらのヴァラエティーのある味わいには、複雑みがあり、旨みとミネラル分をたっぷり含んだジーニ社の**「ラ・フロスカ」**二〇一五年がしっかりと対応できた。

ワインとの相性に自信を持つ杉山氏はそれぞれの握りに絶妙な味付けをし、しょうゆは使わない。白ワインと戦い過ぎない味わいにバランスを取ってくれている。特に、マグロの漬けは白ワインに合わせてつけ過

マグロの漬け

③ラ・フロスカ
ジーニ社

シマアジ

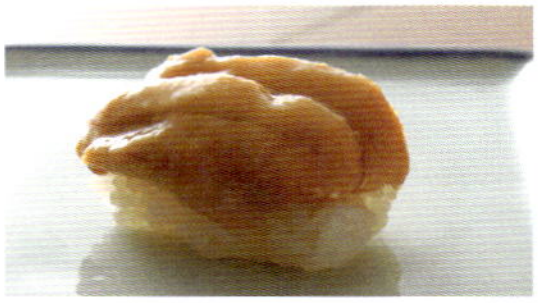

雲丹

車エビ

あぶりトロ

シイタケ

煮ハマグリ

コハダ

ぎず、コハダもしまり過ぎないように浅めにしてある。

最後の海苔巻きの中身の組み合わせは絶妙だ。これにダル・チェーロ社の辛口**「コルテ・ジャコッベ」**を合わせると、この火山性土壌から生まれた柑橘系のニュアンスを持つ旨みを感じさせるワインによって、味わいがしまり、自然な後口でまだまだ食べ続けられるような気にさせてくれる。しかし、実際はかなりの量を既に食べている。

ワインと寿司の相性

杉山氏のワインと寿司の相性に関する解説は独特だ。例えば、赤身のマグロに白ワインを合わせるときはどうすればいいか。ほんの少しワインを口に含み、寿司を口に入れ、少し長めにしっかりと噛む。そうする

CAMPAIGN FINANCED ACCORDING TO EU REG. N. 1308/2013
CAMPAGNA FINANZIATA AI SENSI DEL REG. UE N. 1308/2013

と御飯の甘みと魚の味わいがこなれてくる。これをゆっくりと飲み込む。そこでワインをグイっと飲むと良い味わいを楽しめる、という具合だ。

④コルテ・ジャコッベ
ダル・チェーロ社

ソアーヴェは、火山性土壌で作られたブドウを使うと、柑橘系の香りを含み、ミネラル分の中に塩味を感じ、寿司もしょうゆではなく塩で合わせるとよい。多少塩分が多めでもワインのバランスは崩れにくい。一方、一般の白ワインの場合、酸でバランスを取っているものが多いので、酸の強い料理によって、この酸のバランスが崩れるとワインの味わいがくるってしまう。

最後に、ジーニ氏曰く、日本の本物の寿司屋さんは、我々が注意深くワインを造るように丁寧に料理をしてくれる。カウンターの後ろで働く若い料理人さんも焼いている魚を一つ一つ手で触って丁寧に処理している。我々も農園にいてブドウの木を一本一本丁寧に手入れし、剪定している。本当によく似ている。自分の感覚で見て触って、自分が感じていいと思ったようにやる。こういう仕事の仕方はワインも料理も変わらない。日本に初めて来たが、また来なければいけない、そう語った。

天ぷら

天つゆではなく天然塩と合わせる

銀座天ぷら一宝

レッシーニ・ドゥレッロ
生産者保護協会会長
アルベルト・マルキージオ氏

＋

オーナーの
関勝料理長

創業百有余年。大阪を代表する天ぷら料亭が、銀座六丁目の交詢ビルにオープンしたのは二〇〇四年のこと。出汁《だし》には天然水を使い、天ぷら油には極上の紅花《べにばな》油のみを使う。そして、一組の客ごとに新しい油を使う。

天ぷら一宝《いっぽう》のオーナー関勝氏は、家を継ぐことを条件に同志社大学卒業後、二年間アメリカ留学をしていることから英語が得意だ。店にはワインもそろえてある。フランスを中心に赤・白ワインを数種類、シャンパーニュも扱う。

ワインのよさは、日本酒やウイスキーと違って、数人で飲んでもボトルが終われば次のワインということで、皆で一緒に新しいものに移れるのがいいという。

胡麻豆腐

⑤ **レッシーニ・ドゥレッロ**
カンティーネ・ヴィテヴィス社

関氏にお願いして、天ぷらにヴェネト州の辛口スプマンテ、「ドゥレッロ」を合わさせていただいた。

辛口スプマンテと合わせる

また、自慢の天つゆではなく、塩だけを用意してもらった。

ご主人も食材とお酒を合わせるとき、一番食材の味が際立つのが塩と言われて、快く受けてくださった。食材に合わせてサーヴィスする、トータルで勝負する店なので、素材とお酒を楽しむには塩が一番シンプルでいいとも言っていただいた。

この店に同席してくれたのは、ヴェネト州の辛口スプマンテで、ドゥレッラ種を使ったレッシーニ・ドゥレッロ生産者保護協会会長のアルベルト・マルキージオ氏ほか数名。八種の「ドゥレッロ」と天ぷらを合わせた。

ドゥレッラという品種はあまり知られていないが、非常に酸が強くスプマンテに向くことから、瓶内二次発酵のものと、タンク内で二次発酵させたシャルマー法のものがある。ヴェネト州のヴェローナ県とヴィチェンツァ県にまたがる地域の四〇〇ha足らずの火山性土壌の地域で造られる。ドゥレッロ（硬い）を意味するブドウから、酸の強いスプマンテ

天ぷら10種

キス

アスパラガス

ほたて

エビ

鮎

季節の野菜

⑥レッシーニ・ドゥレッロ・メトド・クラッシコ

トネッロ社

が生み出され、長期の熟成に耐えるワインになる。土壌や気候の異なる一五のゾーンに分かれており、DOCに認定されてから三〇年ほどのワインだが、生産量が少なくイタリアでも希少なワインである。

塩で合わせる

料理はまず、先付けに、胡麻豆腐、前菜盛合わせ、天ぷら一〇種の後、かき揚げの天丼、季節の果物が用意された。

ご主人曰く、油には乾燥性の油と非乾燥性の油の二種類があり、オリーブオイルは非乾燥性でやや重くなるため、天ぷら用には向かない。パスタ料理などと合うのは、混ぜ合わせた後、逆に乾かないのがいいのではないかという。

天ぷら用の油は乾かなければなら

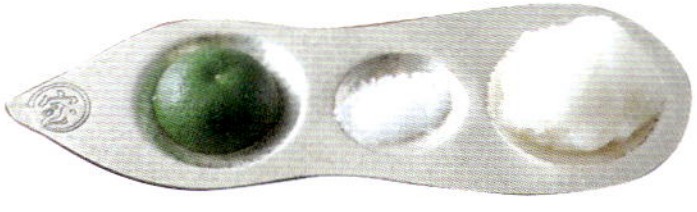

すだちと鳴門産自然塩、大根おろし

ない。油が衣に残らず、衣から落ちなければならない。

揚げる温度は一八〇℃ぐらいでどんな揚げ物も大体同じぐらいの温度だが、衣の濃さ、薄さは素材によって変わる。衣を固めて水分を残すことが大事なので、おそらく、食材を揚げる温度は一〇℃も変わらないだろう。特に、タマネギなどは焦がさないように甘く仕上げるため、ゆっくり長めに揚げる。

キリッとした酸が油分をぬぐう

用意された天ぷらは、エビ、キス、アナゴ、ホタテ、鮎、季節の野菜。衣は少なめでそれほど揚げ色はついていないのにカラッと揚がっている。最初のエビは、揚げてあるのに備長炭を使って遠火で焼いたように身がほくほくとしていて、旨みが詰まっている。これに塩をして、会長のマルキージオ氏がシャルマー法で造る辛口ヴィテヴィス社「ドゥレッロ」を口に含むと、辛口でありながらソフトな味わいのスプマンテがエビの甘みを引き出してくれる。

キス、アナゴ、ホタテ、鮎、それぞれに個性があり、デリケートな味わいの魚介類の素材の旨みを逃がさないようにカリッと揚げた天ぷらは、塩を付けるとシンプルな旨みが増し、辛口スプマンテである「ドゥレッロ」が衣と素材の味わいのバランスを取ってくれる。特にトネッロ社が瓶内二次発酵で造るしっかりとした味わいの辛口スプマンテは、キリっとした酸が利いて、全く飽きない取り合わせだ。カウンターで我々と一緒に食べているイタリア人たちは、出てくる天ぷらをいつまでも食べ続けられそうな勢いだ。

最後にかき揚げを天丼にして、タ

かき揚げ天丼

レをかけたものがサーヴィスされたが、御飯とかき揚げを一緒に噛んでいると、辛口ワインが欲しくなる。甘みを帯びた油分を辛口スプマンテがぬぐい取り、飽きさせない。

　このスプマンテを長期に熟成させれば、和食全般用の食中酒として楽しめるのではないだろうか。

天ぷら一宝の入口は、上方の味を伝える店の風格を表して瀟洒だ

食材により、衣の厚さは変えるが、揚げる温度は10度も違わない。卓越した調理人の技術が伝統の味を支える

この日は、イタリアから訪れた5人のワイン生産者が、当代一流の天ぷらの味を堪能した

CONSORZIO TUTELA VINO LESSINI DURELLO

レッシーニ・ドゥレッロ生産者保護協会

この協会は、ヴェネト州北東部ヴェローナ県とヴィチェンツァにまたがる丘陵地帯でドゥレッラ種を使ったワインを生産する生産者による協会。まだ30数社と生産者の数は少ないが、毎年生産者の数が増えている。このワインは酸が強く硬い実をつけるドゥレッラ種から造られるが、そのほとんどがスプマンテにされる。特に瓶内二次発酵により造られるワインは、長期の熟成に耐えるワインになる。この火山性土壌から造られるワインは、独特のミネラルを含み酸のしっかりとした長期熟成型のワインになる。

ソアーヴェの生産地域と重なる地域であることから、多くの生産者がソアーヴェとドゥレッロの両方を生産している。日本においては、この両者が一緒にプロモーション活動を行っている。

CONSORZIO TUTELA VINO LESSINI DURELLO
Vicolo Mattielli, 11 - 37038 Soave (VR) www.montilessini.com/

CAMPAIGN FINANCED ACCORDING TO EU REG. N. 1308/2013
CAMPAGNA FINANZIATA AI SENSI DEL REG. UE N. 1308/2013

懐石料理

CONEGLIANO VALDOBBIADENE PROSECCO SUPERIORE DOCG

発泡酒が懐石料理の繊細さを引き立ててくれる素晴らしい味わい

プロセッコ・スペリオーレ
DOCG 生産者保護協会会長
イッノチェンテ・ナルディ氏

杉山浩一料理長

明治記念館　懐石料亭　花がすみ

緑に囲まれた神宮外苑の一角にある、都市の庭園ともいえる佇まいで、石畳の先に広がる静寂と洗練された和の館は、都会の雑踏を忘れさせてくれる。

明治記念館本館は、諸外国の賓客をお迎えするご会食所（迎賓館）として建てられ、一九四七年に人々の幸せを祝う集いの館として一般に開放された。

この日本の伝統を受け継ぐ館の中で、磨き抜かれた日本料理の神髄を堪能させてくれるのが、懐石料亭「花がすみ」だ。四季折々の吟味された食材を巧みに表現し、本格懐石料理を楽しませてくれる。

以前、この店で何度か日本料理とイタリアワインのイヴェントをさせてもらっている。それは、伝統的な日本家屋と独自の環境、優れた料理は日本を代表するもので、イタリアの優れたワインを日本でより一層深く理解してもらうのにふさわしい場所と考えたからだ。

幸い、そのときの杉山浩一料理長も健在で、ワインと合わせる料理について、細部にわたって気配りと対応をしてくれた。

床の間に着物がかけられた畳の大部屋に少し高めの机を入れ、木製の

■懐石料理メニュー

前菜　（柿釜）　燻製鮭寿しトリュフ風味　鮑塩蒸し　車海老香草煮
　　　鰻八幡巻き　慈姑煎餅　干し子　銀杏　松葉素麺
椀物　大根みぞれ仕立て　ずわい蟹伸丈（大和芋　卯白　百合根　木耳）
　　　胡麻豆腐　唐草大根　振り柚子
造り　真鯛の子持ち昆布巻き（万能葱）　青利烏賊松笠作り　土佐醤油
焼き物　塩（モティア　サーレ　フィーノ）　酢橘
　　　銀鱈西京柚子挟み焼き　椎茸　はじかみ　零余子
煮物　百合根饅頭（合鴨挽肉　フォアグラムース　筍）　菊菜餡
揚げ物　まこも茸白身伸状包み　とまとソース
酢の物　季節の果物白酢和え　貝柱　アボカド
食事　きのこ炊き込み御飯　赤出し汁　香の物
水菓子　柿　梨　巨峰　石榴

きちんとした椅子での食事は、座敷でうまく座れないイタリア人を何度も見てきただけに、外国人には大変にありがたい。サーヴィスは全員着物姿の女性で、注意深くテーブルセッティングがなされていた。杉山料理長が用意してくれたのは、次のメニューだ。

前菜からデザートまで、九品が用意された。

これに合わせたのは、プロセッコ・スペリオーレDOCGワイン一一種。イタリアで人気のスパークリングワインだ。北イタリア、ヴェネト州東部ヴェネツィアから五〇キロほど北西に行った丘陵地帯で作られる、グレーラ種で造るスパークリングワインだ。リンゴやナシなどの白い果実の甘い香りを含み、フルーティで心地好い味わいの辛口スプマンテだ。丘陵地で作られるブドウはアロマを多く含み、独自

前菜（柿釜）

⑦リーヴェ・ディ・サン・ピエトロ・ディ・バルドッツァ・ブルット
ヴァル・ドーカ社

の味わいになることから、二〇〇九年、イタリアワイン法の最上クラス、DOCGワインに昇格した。

世界で最も多く造られている

食前酒から、食事を通しても楽しめるワインであることから、イタリアのみならず、世界の多くの国で人気を博し、今日世界で最も多く造られる規定発泡性ワインになっている。

以前、このDOCGワインを造る、コネリアーノからヴァルドッビアデネまでの三五キロの丘陵地帯を見に、ヘリコプターに乗せてもらったことがある。確か、九月だったと思う。ちょうどブドウの収穫の時期だった。南のコネリアーノから北のヴァルドッビアデネまで、約七五〇〇ヘクタール、この丘陵地をヘリコプターはなめるように北上する。最初はなだらかな丘陵から、最高四五度の急斜面まで、ここにもブドウが植えられている。長年にわたりこの地方の農民が苦労して築きあげてきたものだ。

このとき、この丘陵で作られるブドウからできるプロセッコは、香りも味わいも平地のものとは全く違うであろうことを確信した。そして、このプロセッコDOCGを造る地域はユネスコの世界遺産に登録されつつある。ドイツからの観光客の多い地域だが、ユネスコに登録されれば、

⑧プロセッコ・エクストラ・ドライ
ビアンカヴィーニャ社

ヴェネツィアから近いこともあり、世界中の観光客が押し寄せることだろう。

多彩な前菜に合うプロセッコ

さて、料理がサーヴィスされた。まずカキをくり抜き、サケ寿し、アワビ、車エビ、ウナギなど多彩な味わいを入れた前菜には、ヴァル・ドーカ社の**「リーヴェ・ディ・サン・ピエトロ・ディ・バルドッツァ・ブルット」**。〝リーヴェ〟とは丘陵地のクリュの畑を意味する。トリュフ風味、香草煮などのデリケートでありながら個性を持つ味わいの前菜に合わせたこのワインは、フローラルで心地好い酸味とクリーミーな泡を持ち、この前菜の多様な味わいを実にうまくまとめあげてくれた。素晴らしい出足である。

次の椀物は、しっかりと出汁《だし》がとってあり、ズワイガニ、胡麻豆腐のデリケートな料理だ。この旨みを含んだ日本食ならではのバランスを取った味わいを程よく流してくれたのは、ビアンカヴィーニャ社の**「エクストラ・ドライ」**。フローラルでゴールデンのリンゴを思わせるようなフルーティな香りを含み、味わいとフレッシュ感のあるこのワインはズワイガニと胡麻豆腐の大根みぞれ仕立てのデリケートでバランスの取れた味わいを見事に包み込んでくれる。

酸、ミネラルが和食に合う

マダイ、アオリイカの造りは、塩を付けて食べると旨みが増し、ワインが料理のデリケートな旨みを引き

⑨ エクストラ・ドライ
イル・コッレ社

出す塩の味わいを、その酸で補い、バランスを取ってくれた。

　ギンダラの西京焼きには、イル・コッレ社の「**エクストラ・ドライ**」。ブドウの収穫量を減らし、独自に理想的なプロセッコ造りを目指す家族経営の会社のプロセッコだ。西京味噌の独特の風味とギンダラのふくよかな味わいに上品な旨みが加わり、私も一時帰国したときにイタリアに持ち帰ったほど気に入っている料理だ。イル・コッレ社のプロセッコが持つ華やかな香り、デリケートな酸、ミネラル分を含むデリケートな旨みが実によく調和し、特に、ワインの持つアルコール分がギンダラの西京焼きの香りを引き立たせてくれる。プロセッコが食中酒として楽しまれる理由がここにある。

　煮物は、アイガモのユリネ饅頭。キクナやフォアグラとあれば、味わいも幅があり通常では合わせるワインは難しい。コル・ヴェトラーツ社の「**ブルット 二〇一六年**」は、フォアグラの独特な味わいを含ませ、そのきれいな酸がキクナの味わいを受け入れてくれる。コル・ヴェトラーツ社の辛口プロセッコがもたらすいい相性だ。

　揚げ物はスパークリングワインに

⑩ **ブルット 二〇一六年**
コル・ヴェトラーツ社

⑪ **ブルット〝ディルーポ〟**
アンドレオーラ社

とって合わせやすい料理だが、マコモダケの白身伸状包みには、アンドレオーラ社の**「ブルット“ディルーポ”」**を合わせた。リンゴやピーチの香りが高く、細やかな味わいの辛口プロセッコがこの揚げ物料理によく合い、トマトの酸味もうまく吸収してくれた。やはり、アロマを含むプロセッコは万能だ。

酢の物にもよく合う

さて、最も難しいと思われる酢の物、これに合わせたのは、アンティーカ・クエルチャ社の**「ブルット二〇一六年」**。日本では料理に米酢を使うため、イタリア料理のワインヴィネガーと違い、それほど酸が強くない。しかも、出汁を取ってあるために旨み成分も含まれている。これに合わせたアンティーカ・クエルチャ社の辛口スプマンテは、出汁の旨みとうまくバランスを取りながら、アボカドの脂肪分を調和させて、全体の味わいを保ってくれた。自園のブドウのみを使い、ビオ・ワインの認定を持つこのワインは、しっかりと時間をかけて造られた辛口。独特の風味があり、心地

⑫**ブルット二〇一六年**
アンティーカ・クエルチャ社

⑬ カルティッツェ
ヴィッラ・サンディ社

好い酸と旨みを持つ。この風味豊かな辛口発泡性ワインが、果物、ホタテ、アボカドそれぞれの味わいを引き出してくれた。

　きのこの炊き込み御飯と赤だし、香の物の食事のあと、デザートは、カキ、ナシ、巨峰にザクロの実を添えたフルーツの盛り合わせ。これには、ヴィッラ・サンディ社の**「カルティッツェ」**を合わせた。独特の風味とコク、味わいのある希少なワインだ。フルーツの甘みに負けない甘さを含み、心地好い酸が飲み心地にさわやかさを加えてくれる。まさにデリケートな甘さで気品がある日本料理のデザートにピッタリのワインといえるだろう。

食前酒・食中酒として最適

　正直に言って、最初は日本の懐石料理を通してワインを合わせるのは難しいのではないかと思っていた。今回、各社のDOCGプロセッコのワインと合わせてみて、ほぼ完ぺきに合わせることができ十分に満足している。

　北イタリアのアルプスに近い丘陵地のブドウを使って造られるDOCGプロセッコは、デリケートなアロマを含み、ミネラル感があり、ソフトな酸味を含む発泡性ワインである。またガス圧がそれほど高くなく、飲み口がよいことから、このスプマンテで、懐石料理の多くの料理に非常にうまく合わせることができた。

　このワインは、日本市場において、食前酒としてだけではなく、食中酒として広く楽しまれることが期待できる。

CONSORZIO TUTELA DEL CONEGLIANO VALDOBBIADENE PROSECCO SUPERIORE

コネリアーノ・ヴァルドッビアデネ・プロセッコ保護協会

CONEGLIANO VALDOBBIADENE DOCG
PROSECCO SUPERIORE DAL 1876

この協会は、1962年に設立され、７年後、1969年にコネリアーノ・ヴァルドッビアデネ・プロセッコがDOCに認定された。協会には、ブドウの生産者、ワイン醸造および瓶詰業者が加盟し、組織内の各専門部署や外部研究機関との連携のもと、ブドウ栽培、醸造技術の改善に重要な役割を果たしている。

保護協会は、ブドウの仕立て、剪定から収穫時期に至るまでブドウ栽培に関する全ての段階を監督し、醸造、瓶詰めに関しても同様に指導、監督を行っている。

近年クリュの畑の選定も行い、「リーヴェ：急斜面にあるブドウ畑」を43選定した。「リーヴェ」は単一の村もしくは集落で栽培されたブドウのみで造られ、その個性が十分に発揮されている。

また、販売、特に輸出に関しても力を入れ、毎年５月の第３週の週末にヴィーノ・イン・ヴィッラが開催される。13世紀まで歴史をさかのぼる荘厳なお城に100以上の生産者が集まり、世界各国からのジャーナリスト、ワイン関係者を招いて試飲会やセミナーを実施する。さらに、年間を通じて展示会や試飲会が各地で催され、この地方のこうしたワインと食、ワインと芸術の企画は、季刊誌「Conegliano Valdobbiadene」に掲載されている。

DOCGプロセッコを生産する、コネリアーノからヴァルドッビアデネに至る三五キロに及ぶ美しい丘陵地はユネスコ世界遺産の登録待ちであり、この地域で造られるワインのイメージが一層高まることは間違いなく、保護協会はさらなる働きかけを行っている。

CONSORZIO TUTELA DELCONEGLIANO VALDOBBIADENE PROSECCO SUPERIOR
Piazza Liberta' 7, Solighetto 31053 Pieve di Soligo (TV) www.prosecco.it

CAMPAGNA FINANZIATA AI SENSI DEL REG. UE N. 1308/2013
CAMPAIGN FINANCED ACCORDING TO EU REG. N. 1308/2013

CERETTO ARNEIS BLANGE

京おばんざい

はんなりや

オーナーの
村上知之社長

日替わりメニューに合わせる バランスのよい白ワイン

⑭ アルネイス・ブランジェ
チェレット社

日本橋三越本店前の中央通りを挟んで反対側の通りを少し入ったところ、こじんまりした店舗が並ぶ通りの二階、三階に、京おばんざいの店、〝はんなりや〟がある。

入口の細い階段を上がると、そこは小京都。一〇席もないカウンターの奥にオーナーで料理長の松上氏が陣取っている。

二階と三階には四部屋の個室がある。松上氏は、一九九九年にこの店をオープンして二〇年目。祇園で一〇年修行して二八歳のときに赤坂の支店に来た。もともと自分の店を持つのが夢だったそうで、これがきっかけとなり、店を持とうと物件を探しに探して、日本橋に決めたという。ここは隠れ家のような店で、〝人には教えたくない〟という客も多いとか。九割以上が常連客。

京野菜、若狭、瀬戸内の食材を直送して、季節の料理とおばんざいを楽しむことができる。

〝はんなり〟とは、〝明るく上品で華やかな様子〟を表す京ことば。この柔らかい心地の好い響きが込めら

骨煎餅

れたおもてなしがこの店のモットーだ。

日本の家庭料理"おばんざい"

おばんざいは毎日一二～一三品用意しカウンターに並べる。これを見ただけでもわくわくして目移りがする。これらの料理にはどんなワインがいいかと興味がわいてくる。

店では、一〇年ほど前からワインを飲む人が増えてきた。赤、白ワイン各五～六種そろえてあるが、もう少し増やしたいという。しかし、ワインを飲む客の対応は難しい。日本酒ならともかく、赤ワインを飲んでいる客に"ヒラメのエンガワは如何ですか"とは言えないので、と松上氏は言う。

ちょうど鯖寿司を用意されていて、これにはどんなワインが合いますかと問われ、とっさに和辛子を付ければ、軽い辛口赤ワインでも行けますよ、と答えた。

この店の料理と合わせたのは、北イタリアピエモンテ州のアルバに本拠地を置くチェレット社の**「アルネイス・ブランジェ」**。心地好い味わいで旨みがありバランスのよい白ワインだ。

"ブランジェ"とは、"パン屋"の意味。この地方の貧しい農民がニー

タイ、ハモ、カツオの刺し身

スに出稼ぎに行き、パン屋になって帰ってきてこの地にブドウ畑を購入したのでそう呼ばれた。アルネイスという品種は、もともと酸が少なくワインにするのが難しい品種で、三〇年ほど前まであまり作られていない品種だった。この品種をトリノ大学のレナート・ラナーティ教授の力を借りて微発泡性の心地好い口当たりのワインに仕上げたのがチェレット社だ。ソフトな味わいながら、アロマとミネラル分、旨みを含み、心地好い味わいの辛口白ワイン。

アラカルト

シュンギクとシメジのゴマ和え　タコの柔らか煮
サンマの山椒煮　ギンナン

アルネイスとの相性がピッタリ

まず、最初に出てきた料理は私が事前にお願いしてあった、骨煎餅。ハモ、エビの頭などをカリカリに揚げてある。塩がしっかり利いていてすぐに辛口の白ワインが欲しくなる。旨みのあるアルネイスが、この塩の旨みに反応してピッタリの相性だ。

次に、タイ、ハモ、カツオの刺し身。旨みがあり、ふくよかな味わいにしあげてあるブランジェは、カツオの刺し身にショウガとしょうゆを加えても十分についていける。また、カツオの臭みも残さない。ワインのバランスがいいからだろう。

さらに、ニシンとナスの炊き合わせ。ニシンとコンブで京都風と思いきや、ナスとの組み合わせ。このデリケートな旨みを含む味付けにブランジェが威力を発揮する。アルコール分も一三パーセントでしっかりとした構成があり、バランスが取れたワインであるからこそ旨みのある料理に合う。小樽のタンニンや味わいを必要としないワインだ。

何にでも合う 万能の白ワイン

この後、シュンギクとシメジのゴマ和え、ギンナン、サンマの山椒煮と続く。サンマに山椒がまぶしてあるので、軽い赤ワインでもいいかと思うが、このパン屋のワインは強い。シュンギク、ゴマなどのアロマや旨みを含む素材、サンマと山椒などのデリケートな旨みにもその味わいを損ねずに、独自の味わいを保つことができる。このアルネイス・ブランジェは、日本料理に合わせるには万能の白ワインといえるだろう。

さらに、タコの柔らか煮、シシトウとハモのフライ、トウモロコシのかき揚げと続く。タコはそのままで、ハモは塩で行くとワインの酸味が素材の旨みを引き出してくれる。それと、京料理は器がいい。美しく、かわいい器が料理を引き立たせてくれる。

最後は、汁物と御飯。マツタケ、

ニシンとナスの炊き合わせ

揚げ物

シシトウとハモのフライ　トウモロコシのかき揚げ

ハモ入りの汁物は出汁《だし》と昆布が利き、しっかりした味わいだ。旨みを含むこのワインを飲んでいると、酸味がなければ日本酒に通ずるものがあると思えてくる。

デザートは、イチジクのコンポートと白ゴマアイスに抹茶のシャーベット。イチジクの甘みにも負けないブランジェは、やはり万能だ。

京料理とおばんざいを分けたが、おばんざいでは何が出てくるかわからない、そこでブランジェを合わせることにした。和食全部に合うワインはあり得ないが、通して楽しめるワインとなると、このワインのようにふくよかで旨みを含みながら、デリケートな酸を感じさせてくれる辛口白ワインということになる。こう考えると、アルネイス・ブランジェは、まさに和食を通して楽しめるワインであることを再確認した。

汁物・御飯

マツタケ、ハモ入りの汁物　御飯

デザート

イチジクのコンポート
白ゴマアイスと抹茶のシャーベット

CASCINACASTLET LITINA BARBERA D'ASTI 2011

すき焼き

ワインの酸味が口の中の脂分を流してくれる

⑮ **リティーナ・バルベーラ・ダスティ**
カッシーナ・カストレット社

人形町の日山《ひやま》は、すき焼きで知られる店だ。ミシュランの星を取り続けている数少ない店である。もともとは、すき焼き、しゃぶしゃぶの店というよりも、九店舗ある、肉の販売店で知られる会社だ。

人形町日山

村上宗郎社長

一九一二年、広島県福山市で食肉販売および畜産業をはじめ、一九二七年、日本橋人形町で精肉卸売および小売りを開始した。一九三五年に人形町の今の場所ですき焼き割烹をはじめ、今日、食肉畜産業、卸売業、小売業を営むかたわら、人形町のすき焼き、しゃぶしゃぶの店を継続している。創業一〇〇年を経て、現オーナーの村上宗郎氏が社長となり、会社を運営することになった。若きオーナーの村上氏は、好奇心が旺盛だ。新しいものにもどんどん挑戦していきたいという。また、フットワークも軽い。ミシュランの星を取り、ワインのサーヴィスが重要となれば、自ら出向いてワインの試飲会、セミナーにも参加する。

店で使う肉は全て関係会社から調達する。直接自分たちが枝肉を選別し、気に入った肉のみ使用する。もちろん、すき焼きに合った肉を選ぶ。この店の強みは、直接自分たちの欲しい肉を選べるところと村上社長は言い切る。

一一部屋あり、一二〇席あるが、限られた人数の中居さんがサーヴィスするので、予約で団体客があるときには、サーヴィス人員を上回る予約を取らないという徹底ぶりだ。

また、店舗を増やすとサーヴィスが行き届かないので、店舗は増やさず、一軒でやっているという。

バランスのよいワインが合う

この店には、フランスワインのほか、チリワインなども置いているが、私がすき焼きに合わせたのは、ピエモンテ州、カッシーナ・カストレット社の**「バルベーラ・ダスティ」**。

近年イタリアでも評価されつつある赤ワインだ。しっかりとしたルビー色で、果実味がある、酸とタンニンも十分含んでいる。熟成させるとまろやかさを増し、心地好い味わいのワインになる。

すき焼きに使う肉は、ビブ・ロースという部位で、味わいが最もわかりやすい部位だ。この肉は、脂があっさりしていてあまりしつこく感じない。これに割り下、玉子を入れることによって味がまろやかになる。

この肉料理には、しっかりとした酸があり、まろやかなタンニンを含むバランスのよい赤ワインがよい。

合わせたワインは、**〝リティーナ〟**と名付けられた**「バルベーラ・ダスティ 二〇一一年」**。ピエモンテ州のバルベーラを代表するワインだ。濃いルビー色で、果実やベリー類の香りを含み、しっかりとした酸と心地好いタンニンを感じさせ、すき焼きには最適なワインだ。

ワインが味をリセット

村上社長曰く、自分も店でよくすき焼きを食べるが、ずっと食べていると、すき焼きは味が単調なので次第に飽きてくる。おいしく食べているが飽きてしまう。ところが、このワインを飲んだら、いつもより一枚余分に肉が食べられた。今までにこんなことはなかったという。味が濃い目で甘みもあり、肉の脂も十分入るので、このワインの酸やタンニンが重いと感じさせる料理の味わいをぬぐい、リセットしてくれたのだ。

日本酒では甘さが残り、そうたくさんの肉は食べられないが、ワインがあればさらに先に進むことができる。

村上氏曰く、料理と一緒にワインを楽しんでもらえれば、肉もたくさん食べていただけるので営業的にも好ましいという。

すき焼きのように、味が濃くしっかりとした味付けの料理は、十二分に旨みが詰まっているので、旨みのあるワインは必要ない。むしろ、キリっとした酸があり、タンニンを感じるバランスのよいワインがよい。やや酸みを強く感じるワインが、単調な味わいの料理にアクセントをつけ、また味わいのリセットをしてくれる。

ミシュランの星を取得している店であっても、働く中居さんたちにとって、ワインはまだ苦手意識があるようだが、自分たちも少しずつ味わってみることによって、客にも勧められるようになる。

村上氏は、自分が先頭に立って味わい、サーヴィスをする人だけでなく、店の人にもワインを味わってもらうことによって、はじめてお客様に説明ができると言っていた。

すき焼きを代表する店として、ミシュランの二つ星を目指し、ワインのサーヴィスにも磨きをかけてほしいと思う。

ウナギ

野田岩本店

志ら焼きは白ワイン うな重は赤ワインに合わせる

マッジョヴィーニ社社長
マッシモ・マッジョ氏

五代目
金本兼次郎社長

ウナギの名店、野田岩《のだいわ》本店には何度かお邪魔している。ウナギを食べたいというイタリア人を連れて行くのに、ワイン持ち込み可、というのが魅力でもあった。

三階の座敷は椅子がないのでイタリア人は座りにくそうにしていたが、それでもウナギとワインで楽しくやった覚えがある。

麻布飯倉の本店は、飛騨高山から合掌造りの家を解体して持ち込み、風情ある古民家風に建て直してある。

また、国内産のウナギと天然ウナギを併せて使用している。料理のコースには、キャビア付きのコースもある。

天然ウナギと養殖ウナギ

早速、二〇〇〇年の歴史を誇るこの店の五代目に話を聞いた。

私は、オーナーがワイン好きと聞いていたので、てっきりオーナーは若い人と思い込んでいたが、お会いした五代目は八九歳。今でも毎朝四時に起きてウナギをさばいているという。

自分ができなければ人には教えられないからだという。

ワインについて聞くと、昔、札幌に「かどや」というウナギ屋があり、そこのご主人と友達になって、一緒に浅草のイリギンというステーキ屋に行ってワインを覚えたという。

　このステーキ屋の主人がウナギ好きで、ウナギを持って行ってワインを飲ませてもらった。そのころ、一〇〇〇本以上のワインを持っていて、よく一緒にワイン飲んだという。

　ウナギについて聞いた。冬になると天然ウナギは脂が乗ってくる。それも天然はけた違いだ。ウナギの身がしまって肉厚になる。こうなると赤ワインによく合う。一方、養殖ウナギの方は、冬になっても身は柔らかい。しかし、この養殖ウナギも秋以降餌をやらないで温度もギリギリまで下げれば味が濃くなり、養殖でも天然に近い味になる。自分はそういう天然の味に近い業者を選んでいると五代目はいう。

　二〇〇〇年の歴史を持つウナギ屋でも今は変わらなければならない。それは、ウナギも焼く炭も変わったからだという。また、東京では甘くて柔らかいものを好むが、養殖で作った柔らかいウナギと、時間をかけて育てたウナギとは違う。短時間で作ったウナギは、ブロイラーのようなもので、時間をかけて作ったウナギは天然に近い。この天然に近いウナギを焼きながら脂を落とし、蒸して脂を落とし、ちょうどよい美味しい脂だけが残る。これがうまいウナギだ。

ウナギの志ら焼きにキャビア

　戦後、四代目はウナギのタレを山の手風に変えた。これには勇気がいった。甘いタレ、辛いタレと試行錯誤し、自分で見分けながら変えて自分の方向性を考えた。そうしたら歌舞伎役者が食べに来るようになった。タレが少し甘くなったということだ。

　さて、最初に用意してもらったの

⑯ アリッドゥ
マッジョヴィーニ社

は、ウナギの志《し》ら焼き。特製ステンレスの器にお湯をはり、漆の器にきれいに盛り付けられた天然ウナギが出てきた。今日は天然があってよかったと五代目はいう。薬味にはワサビが付くが自分で買い求めたシチリア産の天然塩もそえてある。一〇年前から店で使うようになった。志ら焼きには必ず塩を付けるという。しょうゆだと旨みが勝ち、白ワインの味わいを殺してしまうからだ。

　これに合わせたのは、シチリア南部産の土着品種、グリッロ種一〇〇パーセントで造られたマッジョヴィーニ社の**「アリッドゥ」**。塩味、旨みを感じる辛口白ワインで、グリッロ種は、マルサラ用の原料ブドウとして使われている。イタリアでは、魚介類のグリルやスープに合わせるが、和食ではしっかりした味付けの料理や、少し脂分の多い料理に合う。

　五代目はこれにキャビアを乗せるといいという。早速試させてもらった。塩の代わりに塩分の多いキャビアを使う。

　昔、キャビアとシャブリ五ケースをロシアから持って帰った。最後はキャビアを食べきれず、お茶漬けにして食べたそうだ。何と贅沢な話だ。

　このキャビアも、天然のウナギでなければ合わないという。身を箸で切り分けてみると柔らかいが肉厚だ。これにキャビアをたっぷり乗せ、口に運ぶと何という味わいだ。まるで魚と肉を一緒に食べているような感覚に陥った。これにワインを加えると、あの磯の香りというか、味わいというか、が立ち上がり、最後にワインの酸とわずかな苦みが脂分をぬぐってくれる。この後、養殖ウナギを試してみたが、天然ものの方が肉厚でふっくらしていて旨みが多く、味わいに余韻が長い。合わせた白ワインは、決して樽を使って長期に熟成させ、複雑な味わいにしたものではないが、ブドウの持つアロマと厚みで、天然ウナギの志ら焼きと抜群の相性になった。

ウナギのかば焼きとシチリアワイン

　いよいような重が出てきた。ウナギは私の好物だが、それなりの店でしか食べない。後で残念な思いをしたくないからだ。やはり、ウナギは素材のよい美味しいものを食べたい。

さて、これに合わせたのは、同じくシチリアのマッジョヴィーニ社、**「アモンガエ」**。シチリアの土着品種、ネーロ・ダヴォラ種にカベルネ、メルローを加えて造った赤ワイン。

濃いルビー色で、ブラックベリーやスパイス、バルサミックなどの香りを含み、まろやかなタンニンがあり、バランスの取れた味わいの赤ワインだ。

〝アモンガエ〟という名は、紀元前六世紀、ギリシャで行われたオリンピックに出場し、見事優勝した馬の名前。当時の王が、これを記念してこの馬をデザインした銀杯を作り、これを〝真実の徳を問う杯〟としたことから広く知られる名前となった。

ウナギのかば焼きは実に美しく漆器に乗せられて出てきた。焼き串の跡も残さず、まんべんなく丁寧に焼き、身も全く崩れていない。これまでにするには、串を外すときにも細心の注意を払い、焦がさないことも重要なのだと五代目はいう。

ワインの持つ酸とさっぱりめのタレ、奥飛騨産一〇〇パーセントの山椒とウナギの脂を含む味わいが心地よく混ざり合い、絶妙のバランスを保ってくれた。名店野田岩本店の五代目の話を伺いながら、大好物のウナギのかば焼きと好みのワイン、まさに至福のひとときであった。

⑰ **アモンガエ**
マッジョヴィーニ社

MAGGIOVINI
SICILIA CONTINENTE VITIVINICOLO
rif. Contratto AGEA Sicilia 18 2017/2018

鉄板焼き

一徹

TENUTA CARRETTA PODIO(LANGHE NEBBIOLO)

酸味の強い赤ワインは口の中をさっぱりとさせてくれる

テヌータ・カッレッタ社 CEO
ジョバンニ・ミネッティ氏

木村隆彦シェフ

⑱ **ポディオ（ランゲ・ネッビオーロ）**
テヌータ・カッレッタ社

新橋第一ホテル東京の二一階にある鉄板焼きの名店「一徹」は、神戸牛と季節の食材を織り交ぜた料理を演出する美食の空間だ。

鉄板焼き「一徹」で用意される肉は、日本原産の黒毛和牛の中でも、頂点にある但馬牛の中から更に厳選されたブランド牛、神戸牛の霜降り肉で、きめ細かく芳醇な甘みのある赤身と脂肪の風味が溶け合い、この上ない心地好い味わいを醸し出してくれる。

極上の神戸牛を味わう

この鉄板焼きに合わせたワインは、北イタリア、ピエモンテ州南部のアルバに本拠地があり、五五〇年の伝統を誇る会社、テヌータ・カッレッタ社の**「ポディオ（ランゲ・ネッビオーロ）」**。このワインは、イタリアを代表する長熟ワイン、バローロが生産される地域、ランゲ周辺で、ネッビオーロ種主体で造られるワインで、バローロよりも二年早くリリースされ、フレッシュ感のあるバローロの味わいを楽しむことのできるワインだ。バラやスミレの香り、アロ

安納イモの"きんつば"風鉄板焼き

ツルムラサキ・庄内砂丘ナスの鉄板焼き

マを含み、果実味としっかりとした酸味、適度のタンニンを含む心地好い味わいのワインだ。

用意された料理は、安納イモの〝きんつば〟風鉄板焼き。宮城産のツルムラサキと山形産の庄内砂丘ナスの鉄板焼き、サラダ、モヤシ炒め、ガーリックライス、それに神戸牛のフィレ肉とサーロイン。目の前で焼いてくれたのは、木村隆彦シェフ。

まず、焼いてくれたのは、安納イモと紫イモの〝きんつば〟見立て。上新粉と薄力粉を使い、大きなラビオリ風に焼く。見た目はクレープのようだ。次に緑色をした宮城産ツルムラサキと山形産庄内砂丘ナス。農家から直接宅急便で取り寄せている。野菜は季節のものを厳選して使う。シンプルな料理だが、素材感があって焼いた食感が実に新鮮だ。

フィレ肉に相性抜群の「ポディオ」

いよいよA5ランクの神戸牛、フィレ肉とサーロイン。一緒に焼くニンニクは、青森産のホワイト六片。風味があり、まろやかな味わいのニンニクだ。肉の旨みを出すために、この店では三種の塩を使用している。宮城県気仙沼の岩井崎の塩、アメリカ、ユタ州のソルトレイクシティの

サラダ

リアルソルト。もう一つは、オーストラリアのグルメソルトフレークという塩。これは変わった塩で、マレー川という川でとれる塩。それに、ポン酢、しょうゆ、ワサビが用意された。焼いた肉汁を逃がさないように、パンを下に敷き、肉をその上に乗せてサーヴィスする。実にユニークな盛り付けだ。

ネッビオーロ種から造られるポディオは、フィレ肉に抜群の相性を発揮、さらにどの塩もいい。肉の旨みを増し、塩のミネラル分がワインの酸とのバランスを取ってくれる。

肉は両面に焼き目を付け、火の入れ方は客の好みに合わせる。日本人シェフならではの焼き方だ。肉の旨みを逃がさず、肉が硬くならないように火の通し方に細心の注意を施しながら丁寧に焼く。

しょうゆに少しワサビを付けたが、こうして食べると肉の味が引き締まる。さらにこれにポディオを一口加えると、ジューシーな肉の旨みに酸の利いたワインの味わいと果実味が心地好く混ざり合い、味わいのバランスを取って喉の奥へと運んでくれる。あまり多く肉を食べない私でも、次のもう一口へと箸を運んでしまうほどだ。

神戸牛の鉄板焼き

フィレ、サーロイン

塩三種　ポン酢　ワサビしょうゆ

長熟ワインを手軽に楽しむ

日本では、ピエモンテの赤ワインと言えば、バローロがよく知られるが、このポディオのように、バローロと同じ地域で同様のブドウ、ネッビオーロ種から造られ、果実味を残して、熟成を待たずに早く飲めるように仕上げてある。心地好いネッビオーロ種の味わいをリーズナブルな価格で楽しむことのできるワインだ。このワインでネッビオーロ種の味わいを覚え、特別な機会にバローロを楽しむことができれば最高だろう。また、熟成型の赤ワインはゆっくり熟成させて飲むという楽しみがある。一〇年後、二〇年後と時間を経て熟成し、エレガントで心地好いバローロも楽しみだ。そういう意味でこのワイン、ポディオは、まさに長期熟成ワインの入口になるワインだ。鉄板焼きのみならず、多くの肉料理に合わせることのできるワインだろう。

　私も若いときにミラノで鉄板焼きの店の支配人をしていたことがある。すき焼き、しゃぶしゃぶもやっていたが、鉄板焼きはイタリア人に人気があり常に満席だった。鉄板焼きは第二次世界大戦後、日本人が生み出した料理法だ。客の目の前でデモンストレーションをしながら焼く、ショースタイルの料理だが、日本の料理をあまり知らない外国人にとっては、素材が見えてわかりやすい料理だ。だが、目の前でわざわざシェフが肉、その他の素材を焼き、切ってサーヴィスするのには理由がある。それは、伝統食文化を誇る日本料理の基本となる箸を使って食べるために、シェフが箸で食べることのできる一口大に素材を切って出すからだ。

　この意味で、鉄板焼きは日本料理でありながら、最も外国人に親しみやすい料理であり、ワインに近い日本の料理といえるだろう。

CÀ MONTEBELLO SPUMANTE BRUT

しゃぶしゃぶ

人形町日山

発泡性ワインのすっきり感がしゃぶしゃぶによく合う

カ・モンテベッロ社販売責任者
アルベルト・スカラーニ氏

＋

小林浩料理長

⑲ **スプマンテ・ブルット**
カ・モンテベッロ社

日本橋・人形町にある「日山《ひやま》」は、すき焼き、しゃぶしゃぶで知られ、ミシュランガイドで毎年星を獲得する老舗だ。日本橋、人形町通りに面し、一階は肉の販売、二階がレストランになっている。入口の伝統を感じさせる濃紺ののれんをくぐり、少し急な階段を上がると、一人の老人が下足番をしてくれている。近年こういう構えの店をあまり見たことがない。小上がりには一人では持ちきれないであろう縁起を担ぐ酉の市の熊手がかかげてあり、古くからの伝統が受け継がれているであろうことがうかがえる。

木造、総二階の真ん中に廊下があり、その入口から奥に向かって着物姿の中居さんが廊下沿いに一列に正座をして客を待っていてくれる。こんな風景も今日あまり目にしない。

全部屋個室で、料理のサーヴィスは全て中居さんがやってくれるという徹底ぶりだ。

相手をしてくれたのは小林浩料理長。やはり、しゃぶしゃぶは肉が命だという。毎日入荷する肉は異なる

が、この日は岩手産だった。薄くしかも美しく皿に盛ってある。生のまま機械で切るというが、生だと機械で切るのは難しい。私もミラノのレストラン時代に経験したが、肉は冷凍して切っていた。

見た目にも美しい肉が良質

肉の質としてはきめ細かい脂肪がきちっと入っているものがよく、筋状に入っているものはよくないという。つまり、見た目に美しいものがよいのだと料理長は言う。

肉の質を見るときには、丸の肉の一ヵ所を切って判断する。この時、肉全体が霜降りになっているとは限らないので、注意が必要だ。ちょうど、マグロの尻尾を切って判断するようなものだ。昔は松阪牛を使っていたが、今ではコストとのバランスを考慮して、主に山形牛を使っているという。

しゃぶしゃぶは素材が命なので、もちろん肉が主役ではあるが、出汁《だし》も野菜も重要なのだという。出汁は丸一日かけて作る。牛スジと豚のバラ肉を少し使い、野菜をたっぷりと入れる。キャベツ、タマネギ、シイタケ、ニンジン、ハクサイなど。味が薄いと肉の味が抜けてしまうので、しっかりとした出汁を作る。

素材の野菜にはとことんこだわり、たっぷりの量を用意する。根菜類も温めてすぐに食べられるように火を通し、少し薄めに切る。ネギなどもすぐに火が通るように薄く切り、ハクサイの芯も薄く切る。

しゃぶしゃぶにはポン酢

昔は、ソースにはポン酢のみを使

っていた。ポン酢は独自の出汁を使う。ダイダイの絞り汁としょうゆを同量合わせ、昆布と鰹節を加えて寝かす。なぜ、ダイダイかというと、ユズには好き嫌いがあり、スダチも悪くはないが、昔からダイダイを使っていたからという。

野菜は温まるのに時間がかかるので、入れる順番が重要だ。まず、ネギから入れる。マツタケはシーズンのみだが、ほかの野菜は一年中ほとんど変えていない。伝統の味わいを保つためだという。千住ネギと江戸野菜にはこだわりがある。薬味のもみじおろしは、ダイコンと鷹の爪。昔はダイコンに鷹の爪を詰めてすりおろしていたが、今は鷹の爪を粉末にして大根おろしに混ぜる。この方が全体にムラがなく仕上がるためだ。

昔は、欲しいという人にのみ胡麻ダレを出していた。やはり、肉が霜降りなのでポン酢の方が合う。それに野菜もポン酢の方が合う。

しかし、最近では両方欲しいという人が増えたので両方出すようにしている。豚しゃぶなら胡麻ダレでもいい、また子どもは酸っぱいのが苦手なので胡麻ダレを使うことが多い。最後に、うどんは細いうどん。3・11震災前までは、稲庭うどんを使っていたが、取引していたところが流されてしまったので、今は「キセンうどん」という細いうどんを使っている。腰があり、さっと温まるのでこのうどんに決めたという。

しゃぶしゃぶに合う発泡性ワイン

たっぷりの野菜にしっかりした出

CAMPAIGN FINANCED ACCORDING TO EU REG. N. 1308/2013
CAMPAGNA FINANZIATA AI SENSI DEL REG. UE N. 1308/2013

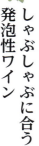

汁、ポン酢を使うとなると肉料理といえども赤ワインは合わせにくい。かといって、白ワインでもしっかりした旨みのある出汁とポン酢となるとなかなか大変だ。霜降り肉のことも考えると、しっかりとした味わいで、酸味のあるスパークリングワインに行き着いた。用意したのは、ロンバルディア州南部のオルトレポー・パヴェーゼのピノ・ネロ種から造ったカ・モンテベッロ社の**「スプマンテ」**だ。

ピノ・ネロ種のブドウを軽く絞り、ブドウのアロマと旨みを十分に残した状態で発酵させ、ベースワインを造る。これを瓶内で二次発酵させて澱《おり》を抜く。旨みと酸のバランスがよく心地好い飲み口の辛口「スプマンテ」。このスプマンテの泡が肉の脂肪分を飛ばし、ポン酢にも対応してくれる。しゃぶしゃぶのタレもかなりポン酢の酸が利いているので、酸味のほとんどない日本酒でもいいと思うが、酸と発泡性のガスを含むスプマンテは霜降り肉の脂肪分を飛ばし、飽きさせない。カ・モンテベッロ社の辛口スプマンテは、きめ細かい泡が持続し、花の香り、トースト香を含み、フレッシュ感があり、クリーミーで旨みがありバランスのよいスプマンテだ。中居さんが器に盛ってくれる肉も野菜も特製ポン酢の味わいと絡み合う。これに一口スプマンテを、さらにもう一口スプマンテを流し込むと、口の中に残る酸味と脂肪分をぬぐい去ってくれる。それを眺めていた中居さんが、おもむろに器を取り寄せ盛り付けてくれる。さすが老舗、人形町・日山は、ゆっくりと心地よい時間を過ごさせてくれる店だ。

COSTADORO "LO PURO"

焼肉

やまと船橋本店

著者

(株)やまとダイニング
勝光治社長

酸味のある赤ワインは口の中をさっぱりとさせてくれる

⑳ロ・プーロ コスタドーロ社

JR船橋駅北口から徒歩一〇分、市場通り沿いに駐車場を完備した焼肉やまと船橋本店がある。大、小宴会、女子会、法事をはじめ、懐石ランチなど、ランチメニューも充実している。

現オーナーの勝光治氏の父親がはじめた店で、三五年を迎える。また、通販でも肉を販売し、年間二億円の売上を上げている。

松坂牛をはじめ、国産和牛の仕入れが中心で、芝浦にある東京食肉市場から仕入れている。特に、松阪牛は地元の市場と東京食肉市場と二ヵ所でしか買えないため、扱い業者の目が厳しく、高価だが品質には問題がないという。

また、松阪牛はブランド牛の中でも唯一去勢牛でない雌牛限定なので雌牛ならではの〝香り〟が際立ち、味わいに甘み、旨みが溶け合い、風味ある肉になっている。さらに、流通過程においても、厳しくチェックがなされており安全性が高いという。

以前は、霜降り肉がブームだったが、最近では赤身肉がブームになり、脂肪分の少ない肉にシフトしている。話題の熟成肉もよいが、自分たちが扱う肉は既にA5ランクの松阪牛や国産黒毛和牛で、熟成させる必要がなく、また、店で扱う肉も四〇日程度の熟成がかかっているので、わざわざ熟成させる必要がないという。

焼肉なのでワインの需要はあるが、肉の部位に合わせるというよりも、ブドウの品種によって合わせることが多く、赤ワイン中心の品ぞろえというが、最近はロゼもよく出るようになり、何かブームのような感じだとワインに詳しい勝氏は言う。

塩が肉の味を引き立たせる

さて、実際に肉が出てくる。塩コショウにするか、タレにするかと聞くと、勝氏は塩コショウの方がいいという。それは、実際、塩とワサビ

で食べる人が増えているし、塩を使った方が肉の味がより引き立つからだという。用意された肉には、客にわかりやすいように、肉の部位の名前の札がつけられている。また、肉を焼く火はガスを使用しているが、遠赤外線が出るものを使用している。

カルビやタン塩などの肉が人気だが、焼きしゃぶと言って、薄切り肉をさっとあぶったものに人気が集まる。さらに、ダイヤモンドカットという、特殊なカットを入れた肉も人気がある。材料にはキシンボウという、赤身で脂肪が少ない硬い部分を使う。特殊なカットを肉の両側に入れることで肉が細く切られ、肉の面積が広がる。これは韓国で教わってきた技術で、肉の味わいがダイレクトに出る。塩・コショウとニンニクで味付けしてあるので、ワサビを多

めに使うと淡白なモモ肉の味が濃く出て美味しくなるという。

肉料理に最適な "ロ・プーロ"

この焼肉に合わせたのは、中部イタリアのアドリア海側にある、マルケ州の赤ワイン。サンジョヴェーゼ種とモンテプルチャーノ種から造られる赤ワインで、酸化防止剤を加えていない。コスタドーロ社の**「ロ・プーロ」**と呼ばれるこのワインの、"ロ・プーロ"とは、"純粋"という意味のイタリア語で、ブドウから造った、そのままのワインという意味だ。ワインは、すみれ色がかったきれいなルビー色で、ブドウのアロマとスパイス香を含み、果実味があり、心地好い味わいの辛口赤ワインだ。多くの料理に合わせることのできるワインだが、焼き肉などの肉料理には最適なワインだ。

ブドウの自然な味わいを楽しむ

用意された肉はランプ、イチボ、芯《しん》シン、トモ三角《さんかく》（少し霜降りのかかったもの）、シキンボウ（ダイヤモンドカット）、松阪牛、これを塩とワサビで。

肉は勝氏本人が焼いてくれた。トングで肉をつかみ、網に乗せ、焼けてきたところで、ハサミで切る。適当な大きさに切り分け、食べやすくする。ランプ、イチボ、芯シンと食べていくうちに、やはりワインが欲しくなる。肉を口に放り込み、少し噛んでから〝ロ・プーロ〟を口に流し込む。どの肉も旨みと塩味が口の中で混ざり合い、脂肪を感じたところでワインが入ってきて、その酸と果実味、タンニンで肉との味わいを中和し、さらに口の中の脂味をぬぐう。ここでもう一口、ワインが欲しくなる。少し時間を置くと、今度は肉が食べたくなる。こういう具合で、実にいい相性だ。

シンプルでストレートな味わいの〝ロ・プーロ〟は、あまり気取らず、肉を食べるペースでどんどん飲んでいける、そんな赤ワインだ。酸化防止剤を加えていないので、ブドウの自然な味わいが楽しめて、多少飲み過ぎても翌日頭が痛くなるようなことはない。さらに、リーズナブルな価格であることも嬉しい。

勝氏の店では、高品質の肉をリーズナブルな価格で楽しませてくれる。まさにこういう店にピッタリの赤ワインだろう。

FONTERUTOLI (MAZZEI) CHIANTI CLASSICO 2010

焼き鳥

銀座 BIRDLAND

レバーのパテのコクと赤ワインの相性はバツグン

㉑ **キアンティ・クラッシコ**
フォンテルルートリ社

オーナーの
和田利弘料理長

マッツェイ社
ジョヴァンニ・マッツェイ氏

焼き鳥のカテゴリーでミシュランの星を獲得している銀座バードランドは、銀座4丁目の地下鉄から続く飲食店街の中、「すきやばし次郎」の隣にある。

オーナーの和田利弘氏は阿佐ヶ谷から焼き鳥屋をはじめ、二〇〇一年に銀座に進出、丸の内にも支店がある。そのオリジナリティに富む経営スタイルから、顧客の支持を得て今日の知名度を得た。

現在は、フランスやイタリアはもちろん南半球のワインを含め約八〇種を置いて、外国のワイン関係者も来訪する店である。

しかし、一九八七年の開店当時は、日本酒やバーボンを中心に、ジャズを流す焼き鳥店であった。ワインは五一ワインの一升瓶。その後五一の無添加ワイン。そしてフランスのコート・デュ・ローヌやアルザスへと増えていった。九三年には、旧大陸だけでなく、チリワインも扱っていた（チリワインのブームは九七年から）。九九年頃には、都心から離れた中央線沿線の焼き鳥店にもかかわらず、リーデルの大ぶりのグラスを使用していた。銀座に移転後は、地下二階の倉庫に約八〇〇本のワインを保管。ワインリストには、焼き鳥に合うものを選んでいる。和食の焼き物に合うのは、まずはローヌのGSMやサンジョベーゼ。もちろんピノ・ノワールやリースリングもあるが、グリューナー・フェルトリーナーやヴェルメンティーノ、ノジオラなど多岐にわたるワインが並んでいる。

鶏レバーのパテに合うキアンティ

和田氏がフォンテルートリ社の「キアンティ・クラッシコ」用に用意してくれたのは、八九年から出している鶏レバーのパテ。フランス流にバターで炒めず、お湯で煮て、水洗いして血を抜いてから、タマネギ、月桂樹の葉、ショウガ、それに砂糖を少し入れて三〇分ぐらい煮詰める。水分が切れた状態でフードプロセッサーにかけ、無塩バター、塩を加え、コニャック、アチエート・バルサミコを加え、ペースト状にしたものを型に入れて冷やしたものだ。

二〇〇六年にクッキングパパの漫画家、うえやまとちさんが来られた。鶏レバーのパテを食べた時、和田氏が「クッキングパパを見て作ったんです」と言ったところ、うえやまさんは、「自分が作ったものより美味しいね」と言われた。「材料の違いはあるけれど、うえやまさんのレシピが素晴らしい。フレンチにはない

鶏レバーのパテ

考え方なんです」と和田氏は答えた。

このパテは、確かになめらかでくせがない。素材がいいからだろう。しかもバターの重さを全く感じさせない。これは無塩バターを使い、ブドウベースのバルサミコソースを使っているからだろう。バルサミコソースには濃い味わいながら酸が残り、脂肪分を感じさせない効果があり、なめらかで軽い味わいになる。

これに合わせたキアンティ・クラッシコは、サンジョヴェーゼ種の多種クローンを別々に収穫し、別々に発酵させてから小樽熟成させ、最後にブレンドしたワインだ。

まろやかな味わいだがきりっとした酸が残り、パテの脂肪分を適度にぬぐってくれる。ほんの少し残るタンニンを含むワインの余韻とパテのわずかな苦みが重なり、さらなる余韻の長さが引き出される。和田氏がキアンティ・クラッシコには鶏レバーのパテが合うと言い切ったのがうなずける。

外側がカリッ、肉はジューシー

次の料理は軍鶏の山椒焼き。軍鶏の皮つきの肉に焦げ目が付くように時間をかけ丁寧に焼いてある。外側がカリッとしていて肉はジューシー、肉の旨みがしっかりと閉じ込めてある。薬味が効いているので、ワインと合わせると鶏肉の旨みがさらに引き立ち、皮の味わいがアクセントに

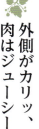

串焼き

手羽先　つくね　皮　ねぎま

なる。これもキアンティ・クラッシコとよく合う。

この後、つくね、ねぎま、手羽先、皮と私の好みで焼いてもらった。手羽先と皮は塩でいただくことにした。脂分と皮のカリカリ感、それに塩の旨みを加えた、それもちょっと強めの味付けがこの赤ワイン、キアンティ・クラッシコによく合う。

鶏肉をガブリと行かずに少しずつ口に運び、ゆっくりと赤ワインを流し込む。あまり甘すぎないタレもよし、しっかりとした味のアクセントのある手羽先もよし、焼き鳥にはキアンティを気軽に合わせることができる、そう思える瞬間だ。

それが名店ともなれば、上級のキアンティ・クラッシコを合わせたくなる。

串揚げ

CANTELE ROSATO

赤ぶどうの渋みが残る ロゼは串揚げによく合う

㉒ ロザート（ネグロアマーロ）
カンテレ社

人形町なかや

カンテレ社の輸出責任者
ウンベルト・カンテレ氏

オーナーの
依知川高明料理長

串揚げなかやは、今半《いまはん》、日山など老舗がひしめく人形町の通りをひとつ入ったところの二階に位置する。カウンター六席、個室二部屋とこじんまりした店だが、旬の肉、魚、野菜を自在に組み合わせ、先代から受け継いだ一〇種の独自のタレを使ってサーヴィスする。浅草橋、錦糸町と三軒を経営する若いオーナーの依知川氏は、カウンターの前で淡々と串を揚げてくれた。依知川高明氏いわく、大阪では串揚げあるいは串カツと呼ばれる庶民の食べ物だった。串揚げは主に塩で食べることが多いので、京文化の影響があるのではないか。鉄板焼き同様、戦後七〇年ほどの歴史だという。

一〇種のタレでいただく

まず目を引くのは木の葉状の自慢のタレ専用皿だ。一〇種のタレが用意されている。この一〇種のタレの順に串揚げが出てくるのでワインも合わせやすい。

塩、辛子、タルタルソース、おろしポン酢、チリソース、甘酢トマト、

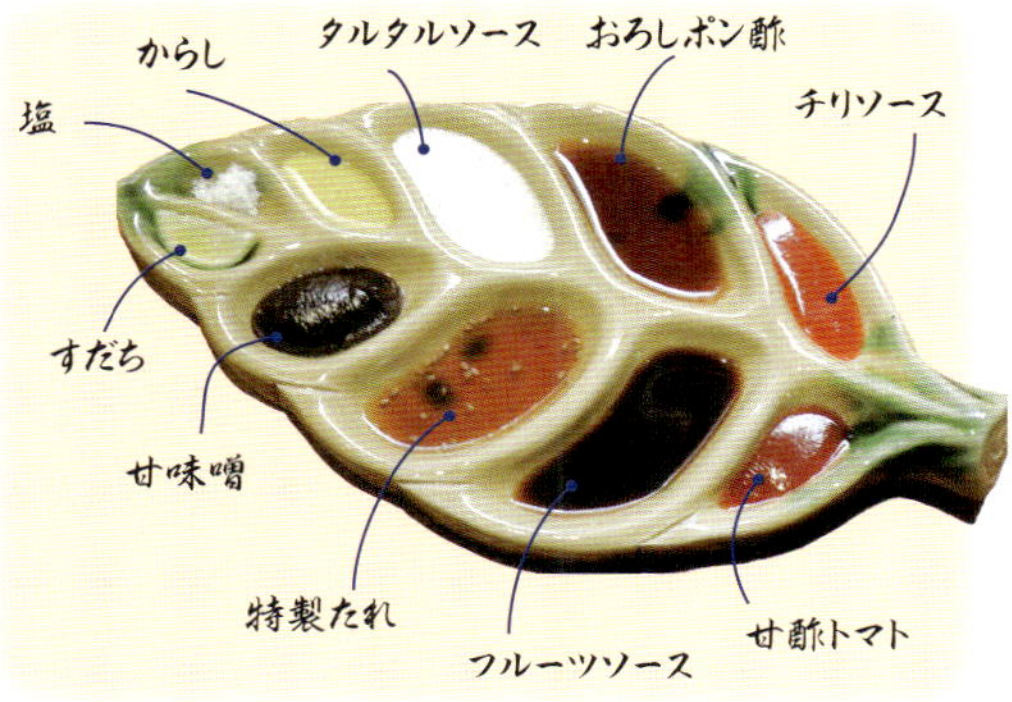

フルーツソース、特製タレ、甘味噌、スダチの順に並んでいる。

この串揚げに合わせたワインは、南イタリア、プーリア産のロゼワイン。**「カンテレ・ロザート」**、ネグロアマーロ種から造られたロゼワインだ。きれいなバラ色で、まさにバラの花を思わせる香り、ゼラニウム、赤いフルーツ、赤い果実の香りを含み、イチゴやチェリーのようなフレッシュ感のある味わいのロゼワインだ。このワインであれば、野菜から魚、肉の串揚げでも幅広く対応できる。もともとプーリアはロゼワインで知られる地方で、古くからロゼワインを造ってきただけあって、このワインも食事を通して楽しむにはもってこいのワインだ。ロゼワインは、黒ブドウを使用し、最初は色が付くまでブドウを置くが、後は白ワイン同様に醸造するため、魚料理にも肉料理にも合わせることができる。

オーナーが用意してくれたのは、クリームチーズの味噌漬けとインゲン豆のお浸し。最初からロゼワインで行けると思わせる絶妙な組み合わせだ。

突き出し

インゲン豆のお浸し
クリームチーズの味噌漬け

車エビの旨みとワインの酸が絶妙

串揚げは、まず、車エビのシソ巻きと煮アナゴから。煮アナゴは意外

車エビのシソ巻き　煮アナゴ

アスパラの肉巻き

である。衣は細かくして薄めにまぶし、大豆油を精製した白絞油《しらしめゆ》を使っている。カラッと揚がっているのであまり油分は感じない。

　車エビのシソ巻きをまず塩で。あつあつを口に入れると身はプリンとしている。衣はパリッとしているが、エビの身にはそれほど火を通していない。甘みを含んだエビの味わいが塩と交わりデリケートな旨みに代わるとき、ワインと出会い、ワインの酸が心地よいバランスにしてくれる。次の串揚げが待ち遠しくなる。

　煮アナゴは辛子で、それから、アスパラの肉巻きはタルタルソースで、これはポン酢でもよかった。ロゼワインなので、ポン酢の酸味も全く問題ない。

　サンマはおろしポン酢で、これには添えてあるサンマのワタを付けると味わいに深みが増す。一方、これにワインは難しいかと思いきや、難なくかわしてえぐみも残らない。

　スモークサーモンはチリソースで。

サンマ　スモークサーモン

箸休めの野菜が新鮮で、盛り付けもきれいだ。

味噌のような発酵食品もロゼは合う

　六番目の鶏つくねのきつね揚げは甘酢トマトで、和牛ロースは山椒の塩かフルーツソースで。ギンナンは塩かと思いきや甘味噌で、これが意外にいい。ギンナンの味わいのイメージが変わる気がした。

　味噌のような発酵食品を使っても、ロゼワインは味噌の旨みを引き出し

鶏つくねのきつね揚げ　和牛ロース

CAMPAIGN FINANCED ACCORDING TO EU REG. N. 1308/2013
CAMPAGNA FINANZIATA AI SENSI DEL REG. UE N. 1308/2013

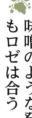

ギンナン　ズワイガニのカニ味噌乗せ

カモのささ身肉　ウズラの卵

てくれる。これは、酸とアルコールのバランスで、塩分を含む味噌の旨みが引き立つためだろう。

ズワイガニのカニ味噌乗せは特製ソースで。ワサビと塩を乗せたカモのささ身肉はお好みでスダチを絞って。最後のウズラの卵は、私は特製タレでいただいた。シンプルな味わいの卵を揚げると飲み物が欲しくなる。さわやかさを含むロゼワインは、ここでもその相性の幅の広さを発揮した。

デザートは名物の揚げパン。切れ目にザラメをまぶして揚げ、きなこ味に仕上げてある。何故か、懐かしい味である。名物というだけあって、病みつきになりそうな味わいだ。

天ぷらと串揚げのどちらが軽いかといわれれば、当然天ぷらだろう。串揚げは衣も重く、ソースを使うだけではなく材料に肉も使う。天ぷらは野菜と魚しか使わない。これは、西洋から伝わったキリスト教の教えからだ。

店のオーナーは、白ワインを多く扱っているというが、串揚げは、油のみならず衣をつけ、各種ソースも使うので、やはり、辛口発泡性のロゼワインもしくは辛口ロゼワインがよく合うのではないかと思う。

揚げパン

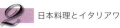

鳥料理

赤坂宵の口

鶏料理はバランスのよい白ワインと合わせる

ソアーヴェ生産者保護協会会長
アルトゥーロ・ストッケッティ氏

木村哲也料理長

赤坂の路地裏にある伝統日本家屋は、「鳥料理　宵の口」に生まれ変わった。

中庭の雑草はそのままに残され、木造二階建ての入口には格子戸がはめられていて、一般人にはこれが店の入口とはわからない。ガラス戸を横に引いて中に入ると、古くは土間であったであろうスペースがテーブル席になっている。正面には中庭が見え、まるで昭和の初期に舞い戻ったかのようだ。一階、二階に座敷席があり、赤坂界隈のビジネスマン客でにぎわう。ほぼ毎日予約で満席の鶏料理の店とはいえ、鶏以外の料理も楽しませてくれる。

名物、「鶏みそ鍋」、「鶏のしゃぶしゃぶ」をはじめとする鶏鍋懐石は、リーズナブルな価格で人気がある。四季の野菜もたっぷりと楽しめるのも人気の秘訣だ。

鶏料理に合うソアーヴェ

鶏料理に合わせたのは、バランスのよい辛口白ワインのソアーヴェ。ソアーヴェ生産者保護協会会長のアルトゥーロ・ストッケッティ氏ほかの皆さんに同席していただいた。

まず、先付けはタコと白ウリのおろし和えとモロヘイヤのお浸し。デリケートな味わいながら素材の味わいを生かした料理だ。ソフトな味わ

㉓ダニエーリ ファットーリ社

いの辛口ながら旨みも含むガルガーネガ種から造られるファットーリ社の**「ダニエーリ」**は、こうした純和食にもよく合う。ソアーヴェには、モロヘイヤのえぐみも十分吸収してくれるアロマとしなやかさがある。

次に鶏レバーのワイン煮。これにはヴィッラ・マッティエッリ社の**「ソアーヴェ・クラッシコ」**を合わせた。レバーと聞いて果たして白ワインで大丈夫かと問われるかもしれないが、レバーの血を抜き、臭みを抜いて柔らかくワインで煮たこのレバーは、箸でほぐせるほど柔らかく、味わいも細やか。ミネラル分と旨みの成分、さらにわずかな苦みがあり、心地好いこのワインの酸が加わり、問題なく合わせることができた。一口ほおばり、ゆっくりとワインを流し込むと、ごく自然に口のなかでレバーとワインが混ざり合い、レバーだけの味と違い、またワインだけの味とも違う心地よいマリアージュが生まれた。

今度は鶏ハラミの山形だし和えと

㉔ソアーヴェ・クラッシコ ヴィッラ・マッティエッリ社

㉕ **ロンカーテ**
コルテ・モスキーナ社

胸肉のたたき、ポン酢ジュレかけ。この料理にはコルテ・モスキーナ社の**「ロンカーテ」**を合わせた。この料理にはポン酢が使われ、白ワインと合わせるとなるとこのポン酢が心配になるところだが、火山性土壌で作られるブドウを使ったソアーヴェは、柑橘系の香りを含み、キリっとした酸がある。また、ミネラル分も含むことから、出汁《だし》やポン酢を使った料理でも実によいバランスを保ってくれる。そして、素材のソフトな味わいをも引き出してくれる。

塩・しょうゆに合わせる

次に鶏モモ肉の岩塩焼き、手羽先のしょうゆ焼き。これには会長のワイン、カンティーナ・デル・カステッロ社のソアーヴェ・クラッシコのクリュのワイン、**「カルニーガ」**を合わせた。

この料理は、たんぱくな鶏モモ肉に塩でアクセントをつけ、脂肪分の多い手羽先をカリッと焼いて脂を落とし、しょうゆをくぐらせてある。この塩のみのシンプルな味付けと、しょうゆでアクセントをつけた手羽先の料理には、旨みとミネラル分を含み、ふくよかさを感じさせ、味わいのバランスがよいこのソ

㉖ **カルニーガ**
カンティーナ・デル・カステッロ社

アーヴェが合った。ソアーヴェの旨みに加え、まろやかさが加わって上質な素材の味わいを引き出してくれる。それにワインが寄り添うという形の相性になる。この組み合わせからだけでも、ソアーヴェは焼き鳥にも十分行けると確信できた。

㉗ **ソアーヴェ・スペリオーレ**
カンティーナ・ディ・モンテフォルテ社

鶏しゃぶしゃぶのポン酢風味

ポン酢に合わせる

鶏しゃぶしゃぶのポン酢風味の料理は、先に記したようにポン酢を使用しているので、通常は白ワインと合わせるのは難しい。この料理には、カンティーナ・ディ・モンテフォルテ社の**「ソアーヴェ・スペリオーレ」**を合わせた。もみじおろし、ネギを加えて鶏肉をさっぱり食べる料理だが、出された料理のポン酢は上手に酢を飛ばしてあり味はまろやか。鶏肉の脂身のあるところを軽くゆがいてあり、全体的にまろやかな味わいに仕上げられている。この料理には、ある程度の樹齢の木から収穫したブドウを、時間をかけて造り、酸と十分な旨みを宿らせたワインが合う。ソアーヴェ・クラッシコ地区の丘陵地に植えられたガルガーネガ種は、樹齢を増すと根が伸び地中のミネラル分を多く取り込むとともに、ブド

鶏しゃぶしゃぶの胡麻ダレ風味

ウの収穫量も少なくなるため、エキス分が凝縮され、ミネラルと旨みを多く含むワインになる。このタイプのソアーヴェがこの料理によく合った。

胡麻ダレに合わせる

鶏しゃぶしゃぶの胡麻ダレは甘みとなめらかさを含む料理だ。

この料理に合わせるワインは、まろやかなだけではなく、ほのかな甘みを感じさせるような旨みを含んだものがよい。ソアーヴェにはいくつかの土壌があるが、アルトゥーロ会長の農園で造るワインは、石灰質土壌と風化した火山性土壌の混ざる土壌で、クラッシコ地区にあるが、やや遅摘みしたブドウを使用しているため、まろやかで旨みを感じるワインになり、この料理にピッタリだ。まさに、料理の味わいを飽きさせない味わいの妙があった。

最後、食事は玉子雑炊。この料理には、堆石土壌のブドウを使い、ステンレスタンクのみで造るシンプルでフロレアルな香りを含むさわやかな味わいの若いソアーヴェが合った。

フルーツを使ったデザートには、収穫したブドウを陰干しにして糖度を高めてから醸造した、さわやかな酸を残す甘口、レチョート・ディ・ソアーヴェが合う。フルーツを使ったデザートや菓子類、カステラなどにも合わせることができる。

このように、ソアーヴェには、多くのタイプがあり、これに甘口も加えると、和食の最初から最後まで、食事を通して楽しむことのできる数少ないワインということができる。

CONSORZIO TUTELA VINI SOAVE

ソアーヴェワイン生産者保護協会

SOAVE
CONSORZIO TUTELA
ilsoave.com

ソアーヴェは、1968年にDOCに認定され、1970年代から海外への輸出が増大したため、生産者保護協会としてもブドウ作り、ワインの生産のみならず輸出への販売促進活動も推し進めることになった。近年輸出比率が8割を超え、海外におけるプロモーション活動も盛んに行うようになり、日本でもここ数年連続でプロモーション活動を行っている。

イタリアにおける年間最大のワインイヴェントである「VINITALY」が毎年4月ヴェネト州ヴェローナで行われるため、この機会に地元の利を生かし、見本市会場のブースではラジオ、TV番組、Facebookへの配信など毎年さまざまなイヴェントが企画されている。

保護協会の地元における主な活動は春と秋に2回あり、ソアーヴェ・プレヴュー、ワイン祭りが五月に行われ、イタリアのみならず世界各地から100人近くのワインジャーナリストや関係者が集まる。また、9月に行われるヴァーサス、ブドウ祭りには町ぐるみでお祭りが企画され、観光客を含めソアーヴェ関連のイヴェントを実施し、独自に品質訴求や販売促進活動を行っている。

CONSORZIO TUTELA VINI SOAVE
Vicolo Mttielli, 11-37038　www.ilsoave.com/

CAMPAIGN FINANCED ACCORDING TO EU REG. N. 1308/2013
CAMPAGNA FINANZIATA AI SENSI DEL REG. UE N. 1308/2013

	住所	輸入販売元
	Via Circonvallazione, 32, 37038 Soave (VR) URL www.corteadami.it/	㈱ ファインズ
	Viale Vittoria, 100, 37038 Soave (VR) URL www.cantinasoave.it/	高瀬物産㈱
	Via Matteotti, 42, 37032 Monteforte d'Alpone (VR) URL www.ginivini.com/	㈱八田、テラヴェール㈱
	Via Moschina, 11 - 37030 Roncà (VR) URL www.dalcerofamily.it/	ワインキュレーション㈱
	Viale Europa, 151, 36075 Montecchio Maggiore (VI) URL www.vitevis.com/	㈱ワインウェイヴ
	Via Corcironda, 6, 36050 Montorso Vicentino (VI) URL www.vinitonello.com/	—
	Via per S. Giovanni, 45, 31049 Valdobbiadene (TV) URL www.valdoca.com/	(㈱ヴィノスやまざき) ※注
	Via Montenero, 8/c - 31015 Conegliano (TV) URL www.biancavigna.it/	㈱ヴィーノ・フェリーチェ
	Via Colle,15 - 31020 San Pietro Di Feletto (TV) URL www.proseccoilcolle.it/	大倉フーズ㈱
	Strada delle Treziese, 1, 31049 S. Stefano di Valdobbiadene (TV) URL www.colvetoraz.it/en/	㈱ヴィーノ・フェリーチェ
	Via Cavre, 19, Col San Martino (TV) URL www.andreola.eu/	㈱土浦鈴木屋／ロータス・ジャパン
	Via Cal di Sopra, 8, 31015 - Scomigo di Conegliano (TV) URL www.anticaquercia.it/	—
	Villa Sandi Via Erizzo 113/A, 31035 Crocetta del Montello (TV) URL www.villasandi.it/	サントリーワインインターナショナル㈱

2章掲載の店舗とワイン一覧（店舗の連絡先はP271に掲載）

店舗		生産者名	ワイン名
寿司幸本店	①	コルテ・アダミ	“ヴィーニャ・デッラ・コルテ” ソアーヴェ DOC
		Corte Adami	"Vigna della Corte" Soave D.O.C.
	②	カンティーナ・ディ・ソアーヴェ	“ドゥーカ・デル・フラッシノ” ソアーヴェ DOC
		Cantina di Soave	"Duca del Frassino" Soave D.O.C.
	③	ジーニ	“ラ・フロスカ” ソアーヴェ DOC
		Gini	"La Frosca" Soave D.O.C.
	④	ダル・チェッロ	“コルテ・ジャコッベ” ソアーヴェ DOC
		Dal Cero F.lli	"Corte Giacobbe" Soave D.O.C.
一宝	⑤	カンティーネ・ヴィテヴィス	“トッレ・デイ・ヴェスコヴィ” レッシーニ・ドゥレッロ DOC ブルット
		Cantine Vitevis	"Torre dei Vescovi" Lessini Durello D.O.C. Brut
	⑥	トネッロ	レッシーニ・ドゥレッロ DOC メトド・クラッシコ
		Tonello	Lessini Durello D.O.C. Metodo Classico
花がすみ	⑦	ヴァル・ドーカ	“リーヴェ・ディ・サン・ピエトロ・ディ・バルボッツァ” ヴァルドッビアデネ・プロセッコ・スペリオーレ D.O.C.G. ブルット
		Val d'Oca	"Rive di San Pietro di Barbozza" Valdobbiadene Prosecco Superiore D.O.C.G. Brut
	⑧	ビアンカヴィーニャ	コネリアーノ・ヴァルドッビアデネ・プロセッコ・スペリオーレ DOCG エクストラ・ドライ・ミッレジマート
		Biancavigna	Conegliano Valdobbiadene Prosecco Superiore D.O.C.G. Extra Dry Millesimato
	⑨	イル・コッレ	コネリアーノ・ヴァルドッビアデネ・プロセッコ・スペリオーレ DOCG エクストラ・ドライ
		Il Colle	Conegliano Valdobbiadene Prosecco D.O.C.G. Extra Dry
	⑩	コル・ヴェトラツ	ヴァルドッビアデネ・プロセッコ・スペリオーレ DOCG エクストラ・ドライ
		Col Vetoraz	Valdobbiadene Prosecco Superiore D.O.C.G. Extra Dry
	⑪	アンドレオーラ	“ディルポ” ヴァルドッビアデネ・プロセッコ・スペリオーレ DOCG
		Andreola	"Dirupo" Valdobbiadene Prosecco Superiore D.O.C.G.
	⑫	アンティーカ・クエルチャ	“マティウ” コネリアーノ・プロセッコ・スペリオーレ DOCG
		Antica Quercia	"Matiù" Conegliano Prosecco Superiore D.O.C.G. Brut
	⑬	ヴィッラ・サンディ	“ヴィーニャ・ラ・リヴェッタ” ヴァルドッビアデネ・プロセッコ・スペリオーレ・ディ・カルティッツェ D.O.C.G. ブルット
		Villa Sandi	"Vigna La Rivetta" Valdobbiadene Prosecco Superiore di Cartizze D.O.C.G. Brut

※注　ヴァル・ドーカ社のワインの取扱いはあるが、該当ワインは輸入していない

	住所	輸入販売元
	Strada Provinciale Alba/Barolo Località San Cassiano, 34 12051 Alba (Cn) URL www.ceretto.com/it	㈱ ファインズ
	Str. Castelletto, 6 - 14055 - Costigliole d'Asti URL www.cascinacastlet.com/	㈱ノルレェイク・インターナショナル／㈱メモス
	Strada comunale Marangio n.35, 97019 Vittoria (RG) URL www.maggiovini.it/	大倉フーズ㈱
	同上 同上	大倉フーズ㈱
	Località Carretta, 2, 12040 Piobesi d'Alba (CN) URL www.tenutacarretta.it/en/	サッポロビール㈱
	Località Montebello 10, 27043 Cigognola (PV) URL www.camontebello.it/	㈱ノルレェイク・インターナショナル
	Via Monte Aquilino 2, 63039 San Benedetto del Tronto (AP) URL www.vinicostadoro.it/	アプレヴ・トレーディング㈱
	Via Ottone III di Sassonia 5, Loc. Fonterutoli, I-53011 Castellina in Chianti (SI) URL www.mazzei.it/	㈱ ファインズ
	S.P. 365 (Salice Salentino – Sandonaci) Km 1, 73010 Guagnano (LE) URL www.cantele.it/	大倉フーズ㈱
	Via Olmo 6, 37030 Terrossa di Roncà (VR)	㈱飯田
	Via Mattielli 19, 37038 Soave (VR)	㈱ヴィノスやまざき
	Via Moschina 1, 37030 Roncà (VR)	㈱ボンド商会
	Corte Pittora 5, 37038 Soave (VF)	大榮産業㈱
	Via XX Settembre 24, 37032 Monteforte d'Alpone (VR)	ピーロートジャパン㈱

店舗		生産者名	ワイン名
はんなりや	⑭	チェレット	“ブランジェ” ランゲ・アルネイス DOCG
		Ceretto	"Blange" Langhe Arneis D.O.C.
日山	⑮	カッシーナ・カストレット	“リティーナ” バルベーラ・ダスティ DOCG
		Cascina Castlet	"Litina" Barbera d'Asti D.O.C.G.
野田岩	⑯	マッジョヴィーニ	“アリッドゥ” シチリア IGP グリッロ
		Maggiovini	"Ariddu" Sicilia I.G.P. Grillo
	⑰	マッジョヴィーニ	“アモンガエ” シチリア DOC ロッソ・リゼルヴァ
		Maggiovini	"Amongae" Sicilia D.O.C. Rosso Riserva
一徹	⑱	テヌータ・カッレッタ	“ポディオ” ランゲ・ネッビオーロ DOC
		Tenuta Carretta	"Podio" Langhe Nebbiolo D.O.C.
日山	⑲	カ・モンテベッロ	スプマンテ・ブルット・ビアンコ
		Ca' Montebello	Spumante Brut Bianco
やまと	⑳	コスタドーロ	“ロ・プーロ” マルケ IGT
		Costadoro	"Lo Puro" Marche I.G.T.
バードランド	㉑	マッツェイ	フォンテルートリ　キアンティ・クラッシコ DOCG
		Mazzei	Fonterutoli Chianti Classico D.O.C.G.
なかや	㉒	カンテレ	サレント IGT ロザート
		Cantele	Salento I.G.T. Rosato
宵の口	㉓	ファットーリ	“ダニエーリ” ソアーヴェ DOC
		Fattori	"Danieli" Soave D.O.C.
	㉔	ヴィッラ・マッティエッリ	ソアーヴェ・クラッシコ DOC
		Villa Mattielli	Soave Classico D.O.C.
	㉕	コルテ・モスキーナ	“ロンカーテ” ソアーヴェ DOC
		Corte Moschina	"Roncathe" Soave D.O.C.
	㉖	カンティーナ・デル・カステッロ	“カルニーガ” ソアーヴェ・クラッシコ DOC
		Cantina del Castello	"Carniga" Soave Classico D.O.C.
	㉗	カンティーナ・ディ・モンテフォルテ	ソアーヴェ・スペリオーレ・クラッシコ DOCG
		Cantina di Monteforte	Soave Superiore Classico D.O.C.G.

CAMPAIGN FINANCED ACCORDING TO EU REG. N. 1308/2013
CAMPAGNA FINANZIATA AI SENSI DEL REG. UE N. 1308/2013

3 日本料理にイタリアワインをどう合わせるか

COME ABBINARE I VINI ITALIANI CON LA CUCINA GIAPPONESE

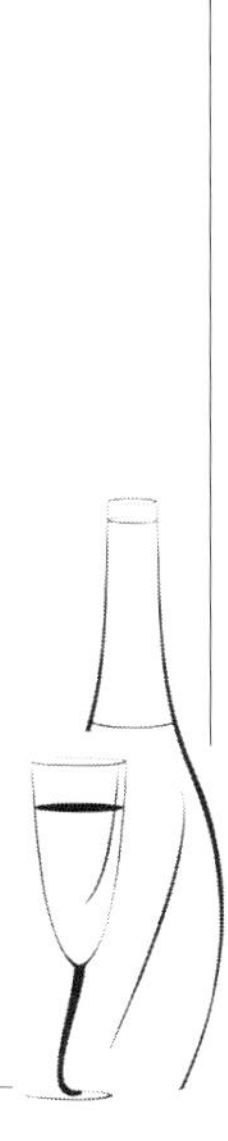

食事に合わせることが大前提

南北に長い半島と島国。イタリアと日本はまず地理的によく似ている。さらに北半球に位置し、四季があり、気候的にもほぼ同様である。

両国とも海に囲まれ四季があることから、海沿いではハーブ類、ハーブ野菜が育ち、料理にアクセントを加えている。新鮮な魚介類が多くとれることも共通点といえるだろう。内陸の国では、新鮮な魚介類は手に入りにくかったのだ。

イタリアや日本など海に面した国ではこうした新鮮な素材が豊富にあったことから、この素材のよさを生かすべく、調理法がシンプルになった。これがイタリア料理と日本料理の基本的な共通点ということができる。

互いに野菜やほかの素材の新鮮さにこだわり、シンプルな味付けであるところがよく似ているから、天ぷらや南蛮漬けなど、もともとイタリアをはじめとするヨーロッパの国々で行われていた、魚介類を保存するための調理法が日本に伝わり、自然に取り入れられ、今日のように人気メニューになるのも理解できる。

日本料理とイタリア料理では、調理するうえでの味付けは異なるものの、素材の扱い方や調理のしかたには共通点が多い。近年、日本では薄切りにした生肉の料理、カルパッチョが人気を得、イタリアでは刺身や寿司が流行するのも納得できる。

イタリアにおけるワインは、ワイン新興国とは違い、ワインだけで飲むように造られたワインは少なく、大半のワインが食事に合わせて飲まれることを前提に造られている。

こう考えると、シンプルな味わいのイタリア料理に合わせて造られたイタリアのワインが同様にシンプルな味わいの日本の料理に合わないはずがない。

近年までイタリアの白ワインはほとんど木樽を使用せず、前菜から魚料理までに合わされてきたわけで、これらのシンプルな味わいのワインは、素材を大切にする日本料理にも合わせることができる。

当然のことながら、日本の家庭における料理は、日本を原点として中国、フランス、イタリアと多くの国の料理が取り入れられている。こうした、ある程度西洋化した日本の家庭料理に、近年輸入が大幅に増え、ヴァラエティの増したイタリアのワインを合わせることがより容易になってきていると考えることができる。

イタリアの、さわやかな酸とフルーティさが特徴の白ワインや、シンプルでバランスがよく、食事を通して飲んでも飽きのこない赤ワインは、日本料理に合うだけでなく、日本人の味覚そのものによく合う、ということができるだろう。

小樽で熟成させ、ヴァニラ香やタンニンのきいたワインや、甘みを感じさせるほどのコクと厚みのあるワインが日本料理に合うとは思えない。

それでは、どんな料理とどのようなワインを合わせることができるのか、具体的にその相性を試してみよう。

ブドウの品種別合わせ方

サンジョヴェーゼ種を使ったワイン

この品種はイタリアの赤ワイン用のブドウとしては最も普及しているもので、キアンティなど、中部イタリアのワインに多く使用されている。

ルビー色でタンニンを感じさせ、厚みがあり、酸のバランスのよいワインになるが、トスカーナ州やウンブリア州では甘みを含むカナイオーロ種などと混醸されることが多い。

若いうちはゴマだれのしゃぶしゃぶや肉じゃがなどに、熟成したものは焼肉やステーキなどに向く。リーズナブルな価格のキアンティであれば、すき焼きやうなぎのかば焼きなどにも合わせることができる。

バルベーラ種を使ったワイン

バルベーラ種は、北イタリアで多く栽培されている。弱発泡性の日常ワインから、小樽熟成させた上級品まであるが、一般的には食事用の赤ワイン。

鮮やかなルビー色で、酸とタンニンに特徴があるので、弱発泡性のものは酢豚や鶏の手羽焼き、あるいはすき焼きなどの甘い味付けの肉料理にも合う。また、しっかりした味わいのものは、豚肉のショウガ焼きや焼き肉などにも向く。

メルロー種を使ったワイン

北イタリア東部で多く作られるメルロー種を使った赤ワインは、そのほとんどが日常ワインとして消費されている。

シンプルな辛口に仕上げられるこのワインは、豚カツや牛タン、鶏肉の竜田揚げなどの料理に合う。

ドルチェット種を使ったワイン

ドルチェット種はピエモンテ地方を代表する品種で、北イタリアの大都市や地元で多く消費されている赤ワイン用に使われている。

ルビー色で果実味があり、適度のタンニンを含んでいるので、多くの肉料理に向く。豚カツ、串揚げ、ハンバーグ、焼き肉のほか、マグロの角煮などの味付けの濃い魚料理にも合う。

トレッビアーノ種を使ったワイン

トレッビアーノ種はエトルリア時代から中部イタリアで作られていたといわれる、イタリア中部中心に古くからある品種。

麦わら色でブドウの香りを含む辛口白ワインになる。フラスカティ、オルヴィエート、ルガーナ、ソアーヴェなどに使われるが、アルコール分をしっかり作り酸に特徴のあるシンプルな味わいで、刺身サラダやとうふサラダなどのサラダ類、カブの煮物、ダイコンとイカの煮物などの煮物料理にも合わせることができる。

マルヴァジア種を使ったワイン

この品種はイタリア全土で作られているが、主に中部イタリアで栽培され、フラスカティやエスト！エスト!!エスト!!!などの白ワインに使用されている。

辛口にすると、緑がかった麦わら色で、レモンの香りを含み、わずかな苦みを含むが飲みやすいワインになる。

独特のアロマ（強い香り）を含んでいるので、中華風のサラダ、小アジのフライ、野菜の天ぷら、野菜炒めなどに向く。

ピノ・ビアンコ種を使ったワイン

この品種は北イタリアで多く作られており、しっかりした味わいの辛口白ワインに仕上げられ、長期の熟成が可能であることも知られている。

香辛料やヴィネガーを使った料理にも負けないワインであることから、エビ類のサラダ、焼きギョーザ、ロールキャベツ、ナスとピーマンの炒め物などの料理に向く。

ピノ・グリージョ種を使ったワイン

このブドウから造られるワインは、ピノ・ネロ種で造ったものと似ているといわれており、アルコールを感じるしっかりした味ワインの白ワインになるので、スープ類やきのこを使った料理に合う。

若くフレッシュなものは天ぷらなどの揚げ物に、しっかりした味わいのものはカキ鍋やイカの塩焼きなどに合う。

ガルガーネガ種を使ったワイン

この品種はヴェネト州で多く栽培される品種で、ソアーヴェやガンベッラーラなどの白ワインに多く使われている。石灰質、火山性土壌に適し、ヴァラエティに富むワインを生み出すが、乾燥させて醸造する、甘口のレチョートは、黄金色のデリケートな甘口ワインになる。若く軽いものは、刺身や天ぷらに、しっかりした味わいのものは寿司などに向く。熟成させたものは、和食を通して楽しむことができる。甘口は、カステラやどら焼きなどにも合う。

イタリアワインと日本料理の相性

日本では一九世紀の後半まで、一般的には野菜と魚中心の料理を食べていて、赤身肉を使うことがなかった。米を主食にしょうゆ、味噌、米酢、ショウガ、ワサビ、山椒、スダチ、唐辛子などで味付けした料理を食べてきたのである。これらの調味料は味や香りが個性的で、ワインを合わせるのがむずかしいといわれている。

しかし煮物には酒を調味料として使うことが多く、近年ではワインも使うようになっていることから、日本料理にワインを合わせることは、それほどむずかしくなくなってきている。

日本の料理には普通軽いものからある程度しっかりした味わいのものまでの白ワインで、酸味があり、樽香のないものが合うが、料理別にみていくと、赤ワインも合わせることができる。

特にイタリアでは、赤ワインも日常の料理に合わせることを前提に造られたものが多く、肉と野菜を使った日本の料理にも十分に合わせることができる。

メニュー別に、合わせられるイタリアワインを紹介していこう。

は白、は赤、はロゼ（ロザート）、はスプマンテ、デザートワインなど特殊なワイン

天ぷら

日本料理として誰もが疑うことのない天ぷらだが、この料理が日本に入ってきたのは比較的新しい。

一六世紀の中葉に種子島にたどりついたポルトガル人の宣教師は日本に鉄砲を伝えただけでなく、日本においてキリスト教の布教活動を行っていた。

その布教活動の一つとして、「クワルトロ・テンポレ」と呼ばれる四季の斎日の食についても教えた。肉を使わない食事が主たる目的で、この「テンポレ」の時期は魚や野菜を細かく切り、衣を付けて揚げた料理を作った。

イタリアではこうした揚げ物料理を「フリット」という。この斎日の料理の呼び名「テンポレ」が料理の名前に

なり、「テンプラ」と発音されるようになった。

揚げるときの温度に気をつけるようにということから、テンペラトゥーラ（温度）がなまって「テンプラ」になったという話もあるが、天ぷらには今日でも肉が使われておらず、キリスト教の「テンポレ」起源説のほうが説得力ありといえる。

天ぷらは魚介類と野菜、きのこなどに衣を付け、油で揚げた料理であり、小麦粉と油を使うことから甘みと油分を含むため、新鮮味のある白ワインや、さわやかな発泡性辛口白ワインなどが合う。

- ソアーヴェ
- ヴェルディッキオ
- ガヴィ
- プロセッコ（スプマンテ）などの辛口発泡性ワイン

刺身

刺身にする魚介類にもいろいろと種類がある。

スズキやタイなどの白身魚はしょうゆとワサビで食べることが多いので、比較的酸を感じる辛口白ワインが合う。

- サルデーニャ島のヴェルメンティーノ
- ロマーニャ地方のトレッビアーノ
- 若いソアーヴェなど

一方ヒラメやカレイなどは、ほかの白身魚と比べると比較的脂肪分が多く、酢じょうゆやショウガじょうゆなどを使うことがあるので、アロマがあり、アルコールを感じる辛口白ワインや辛口スプマンテが合う。

- ヴェルナッチャ・ディ・サンジミニャーノ
- アルバーナの辛口
- ガヴィ
- ドゥレッロなどの辛口スプマンテ

さらに脂が多い魚や血合い肉をもつハマチやブリ、イワシ、サバなどの魚には、しょうゆにワサビ、ショウガ、ニンニク、唐辛子などを使うので、旨みがあり、アルコールを感じさせる辛口白ワインや辛口のロゼワインが合う。

- カンパーニア地方のグレコ・ディ・トゥーフォ
- ソアーヴェ・スペリオーレ
- キアレット

※ は白、 は赤、 はロゼ（ロザート）、 はスプマンテなど特殊なワイン

ラグレイン・ロザート
カステル・デル・モンテ・ロザート

マグロであれば、赤身とトロの部分では全く違った味わいになるが、オリーブオイルやコショウなどを使うと、比較的タンニンが少なく、味わいがまろやかな赤ワインに合う。

バルドリーノ
サンジョヴェーゼ種ベースの赤ワインなど

また、刺身に塩を使うと白ワインを合わせやすい。しょうゆには旨みの成分も含まれているため、しょうゆをつけて食べるとワインが負けてしまって合わせにくくなる。

寿司

寿司は関西風と江戸前で作り方や味わいが大きく違ってくる。

関西風の寿司は、魚を塩と酢でしめたり焼いたり、煮たりすることが多く、寿司飯にも昆布だしを入れて炊き、やや甘めの味つけになっているので、合わせるワインもやや甘みがあり、酸味もある辛口白ワインがよい。

フラスカティ・スペリオーレ
オルヴィエート・アッボッカート（薄甘口）
ヴェルメンティーノ・ディ・ガッルーラなど

一方の江戸前寿司では、白身の魚から貝類まで、またマグロの赤身からトロと種類は幅広い。そのほとんどを生のまま使うので、辛口の白からタンニンがやわらかく熟した赤ワインまで、ワインも幅広く合わせることができる。

まず、フレッシュ感のある北イタリアの辛口白ワイン（①）からはじめ、次に、ある程度アロマがあり、しっかりした味わいの辛口白ワイン（②）へと移していけばよいだろう。

そしてマグロの漬けや脂ののったサバには、コショウや和辛子など調味料を工夫して、まろやかな味わいの赤ワインか、熟成を経て、タンニンもほぐれ、まろやかな味わいになった赤ワイン（③）を合わせることができる。

① ピノ・ビアンコ
シャルドネ
ピノ・グリージョ
② ヴェルナッチャ・ディ・サンジミニャーノ

ソアーヴェ・スペリオーレ
アルバーナの辛口
③
バルドリーノ
ロマーニャ・サンジョヴェーゼ
北イタリアのボナルダ

しゃぶしゃぶ

しゃぶしゃぶは牛肉を薄切りにし、あらかじめだしをとった沸騰水の中にさらして脂肪分を落とし、これをレモンじょうゆやポン酢しょうゆ、あるいはゴマだれで食べる。肉だけではなくたっぷりの野菜も一緒に食べるので、通常は白ワインが合う。

ポン酢しょうゆなどを使う場合は、酸と旨みが加わることになるので、これに負けない酸と旨みがあり、まろやかでしっかりした味わいの辛口白ワインもしくは辛口発泡性ワインが合う。

フラスカティ・スペリオーレ
ガヴィ
オルトレポー・パヴェーゼ・メトド・クラッシコ

また、ゴマだれを使用した場合、ゴマにはかなりの香りと味わいが含まれているので、さらにアロマのきいた成熟した白か、辛口ロゼ、あまりタンニンを感じさせない軽めの赤ワインと合わせることができる。

木樽熟成させたアルト・アディジェのソーヴィニヨンやピノ・グリージョ
ラグレイン・ロザート
ロマーニャ・サンジョヴェーゼ

どうしても赤ワインを合わせたい時には、比較的タンニンが少なく、ソフトな味わいのものを選べばよい。もちろん、肉の質によってはしっかりした味わいのワインも喜ばれるだろう。

すき焼き

すき焼きには肉だけではなく野菜や豆腐などをたっぷりと入れるが、調味料に日本酒のほか砂糖なども使い、やや甘口の濃い味付けになるが、これを生卵に通して食べることによって味わいがまろやかになり、肉の脂肪分も覆いかくされる。

そこで、普通であれば赤ワインを合わせたいところだ

※ は白、 は赤、 はロゼ（ロザート）、 はスプマンテなど特殊なワイン

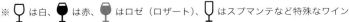

が、しっかりとして味わいのある、少し熟成した厚めの白ワインを合わせることもできる。赤ワインなら、酸がしっかりしていて味わいのバランスのよいものがよい。

- ロマーニャ・アルバーナ（辛口）
- フリウリ地方のヴェルドゥッツォ
- バルベーラ・ダスティ
- 若いキアンティ
- ヴァルポリチェッラ

浸し物、和え物、酢の物

野菜をベースにだしや酢、砂糖、味噌、塩などを使ったこれらの料理には、バランスがよく、どちらかというとアロマを含む辛口からやや甘口の白ワインが合う。

▼アサリと小松菜の和え物

味付けにはだしとしょうゆを使うが、青野菜と貝の組み合わせなので、バランスのとれた白ワインが合う。

- ソアーヴェ
- ヴェルディッキオ
- プーリア地方のロコロトンド

▼山かけ

しょうゆに漬けたぶつ切りのマグロにヤマイモをかけたもの。マグロの赤身の成分とヤマイモに含まれる味わいのコクから、甘みのある白、ソフトなロゼ、軽めの赤ワインなどが合う。

- フラスカティ・アッボッカート（薄甘口）
- バルドリーノ・キアレット
- ヴェネト地方のソフトな味わいの軽めのメルロー

▼セリのゴマあえ

しょうゆ、米酢、砂糖を使ったゴマあえ。ゴマの風味とセリの香りがアクセントになっているので、バランスがよく、しっかりとした味わいのある辛口白ワインが合う。

- サルデーニャ島のヴェルメンティーノ
- ウンブリア地方のトルジャーノ・ビアンコ

▼小アジの南蛮漬け

小アジをしっかり揚げてからタマネギ、ニンジンなどの野菜と一緒に米酢で漬けてあるので、アロマを含み、しっかりした味わいの、もしくはアルコール度の高い辛口白ワインが合う。

- フリウリ地方のソーヴィニヨン
- アルト・アディジェ地方のリースリング
- サルデーニャ島のヴェルナッチャ・ディ・オリスターノ

▼鶏肉と野菜のおろし和え

鶏肉とシイタケ、キュウリにダイコンおろしを和え、酢を加えたもの。米酢を使うので、酸とアロマがあり、しっかりした味わいの辛口白ワインが合う。

- ヴェルナッチャ・ディ・サンジミニャーノ
- グレコ・ディ・トゥーフォ

焼き物

魚を焼く場合、塩もしくは味噌、あるいはしょうゆなどをつけて焼くことが多く、魚本来の味わいに加え、味付けによって合わせるワインが変わってくる。

比較的香りが高くアロマの強い辛口白ワイン、もしくはわずかなタンニンを含む辛口ロゼ、軽めの赤ワインを合わせるとよい。

▼サバの塩焼き

脂ののったサバに塩をして焼き、ダイコンおろしで食べるのが一般的。サバの脂に塩味が加わるので、アロマと旨みを含み、しっかりした味わいの白ワインや、辛口のロゼワインが合う。サバには和辛子を加えると、味わいのバランスが変わり、不思議に赤ワインにも合う。

- ピエモンテ地方の白
- ヴェルナッチャ・ディ・サンジミニャーノ
- アルト・アディジェ地方のラグレイン・ロザート

※は白、は赤、はロゼ（ロザート）、はスプマンテなど特殊なワイン

▼イカのしょうゆ焼き

イカの皮をむき、しょうゆと酒に漬けて網焼きにしたもの。イカを生で食べるときよりも旨みが加わっているので、バランスがよく、アルコールや酸を感じさせる辛口白ワインが合う。

- トレッビアーノ・ダブルッツォ
- シチリアのエトナ・ビアンコ

▼ブリの味噌漬け

脂ののったブリを味噌に漬けて網焼きにしたもの。ブリの脂に味噌の旨みが加わっているので、アルコールを感じ、しっかりした味わいの辛口白ワインや、酸があり甘みがあって、あまりタンニンを感じさせない軽めの赤ワインが合う。

- グレコ・ディ・トゥーフォ
- エミリア・ロマーニャ地方のロマーニャ・アルバーナの辛口
- 北イタリアのボナルダ

▼ニシンの七味焼き

脂ののったニシンをしょうゆとショウガ、七味、ニンニクで味付けして焼いたもの。ニシンの脂とショウガなどのコントラストのある味わいの料理なので、酸がしっかりしていて、生き生きとした若い赤ワインが合う。

- バルベーラ
- ヴァルポリチェッラ
- マルケ地方のロッソ・コーネロ

▼カキのバター焼き

レモンとしょうゆで食べるときは、アロマを含み、ミネラル感のあるしっかりした味わいの辛口白ワインが合う。

- 木樽を使ったトレンティーノ地方のシャルドネ
- フリウリ地方のリースリング

▼鶏肉の照り焼き

ソテーした鶏肉に甘辛いたれをからめて焼いたもの。照り焼きはソースの味わいが強く出るため、あまりタンニンを含まない、バランスのよい赤ワインが合う。

- ドルチェット
- オルトレポー・パヴェーゼのボナルダ
- ロマーニャ・サンジョヴェーゼ

▼焼きギョーザ

肉やニラなどを細かく切って皮に詰めて焼き、しょうゆで食べる。油分も多く含まれ、しょうゆの味つけになるので、しっかりした味わいの白や辛口ロゼ、酸があり、あまりタンニンを感じさせない軽めの赤ワインなどが合う。

- フィアーノ・ディ・アヴェッリーノ
- ソアーヴェ・スペリオーレ
- カステル・デル・モンテ・ロザート
- 軽めの若いキアンティ

揚げ物

揚げ物は衣をつけ油で揚げるため、素材の味わいに加えて油の重さ、甘みが加わり、さらにソースをかけて食べることが多いので、素材に比べ比較的重めのワインを合わせるとよい。

▼小アジの唐揚げ

小アジを二度揚げしてダイコンおろし、もしくは塩を添える。カラッと揚げ、塩味で食べるので、しっかりした味わいの辛口白ワインが合う。

- アルト・アディジェ地方のシャルドネ
- フリウリ地方のリースリング
- エミリア地方のマルヴァジア

▼魚のフライ

魚の切り身に塩をしてパン粉をつけて揚げる。タルタルソースで食べることが多く、多少コクが出るので、酸とアルコールのバランスがよく、味わいのある辛口白ワインが合う。

- ロンバルディア地方のクルテフランカの白
- ガヴィ
- ヴェルディッキオ・スペリオーレ

※ は白、 は赤、 はロゼ（ロザート）、 はスプマンテなど特殊なワイン

▼サバの竜田揚げ

サバをショウガじょうゆに漬け込み、揚げたもの。サバに味がしみ込んでいて濃いめの味わいなので、ミネラル感と個性があり、旨みを含む辛口ロゼワインが合う。これにも和辛子を添えれば軽めの赤ワインと合わせることができる。

- フィアーノ・ディ・アヴェッリーノ
- ラグレイン・ロザート
- カステル・デル・モンテ・ロザート

▼ナスのはさみ揚げ

ナスにひき肉をはさんで揚げたもの。ナスの甘みに油の厚みと肉の旨みが加わるので、個性があり、旨みを含むしっかりとした白、もしくは軽めの赤ワインが合う。

- グレコ・ディ・トゥーフォ
- バルドリーノ
- ヴェネト地方のメルロー

煮物

煮物料理には魚や肉のほか、たっぷりの野菜を使用し、しょうゆ、酒、みりん、味噌、酢などでやや甘めの味つけをするため、酸のバランスがよく、旨みのある辛口白ワインもしくはソフトな味わいの赤ワインが合う。

▼ロールキャベツ

ベーコン、塩、コショウで味つけし、和辛子で食べることも多い。野菜と塩の味わいがベースなので、やや酸味を感じ、味わいのある辛口白ワインが合う。

- トルジャーノ・ビアンコ
- アルネイス
- ポミーノ・ビアンコ

▼ふろふきダイコン

昆布だしで煮込んだダイコンに練り味噌をかけ、ユズの皮をのせる。ダイコンの甘みに味噌のアクセントがつくので、ソフトな味わいでほのかな甘みを感じる新鮮な白ワインが合う。

- アルト・アディジェ地方のピノ・グリージョ
- ヴェルナッチャ・ディ・サンジミニャーノ

▼サバの味噌煮

サバの切り身を味噌で煮込み、酒、砂糖、ショウガで味つけしたもの。比較的味の濃い魚料理なので、アロマを含むしっかりした味わいの辛口白ワインか、なめらかであまりタンニンを感じない赤ワインが合う。

- フリウリ地方のソーヴィニヨン種、ヴェルドゥッツォ種、リボッラ種などを使ったワイン
- バルドリーノ
- ロッソ・ピチェーノ

▼肉じゃが

日本人の誰もが好むメニューだが、ジャガイモとタマネギの甘み、牛肉の旨みには、心地好い酸味、果実味とわずかにタンニンを感じるバランスのよい赤ワインが合う。

- ロマーニャ・サンジョヴェーゼ
- フリウリ地方のメルロー
- 若い軽めのキアンティ

▼豚肉とゴボウの卵とじ

卵が肉とゴボウの仲を取り持つ役目を果たしている料理。全体の味つけがやや甘みを帯びるので、まろやかでバランスの取れた、アルコールを感じる熟成辛口白ワインが合う。

- オルヴィエート・スペリオーレ
- フラスカティ・スペリオーレ

▼酢豚

揚げた豚肉と野菜を炒め、味付けしてとろみをつけたもの。甘酸っぱいので、酸味とミネラル感のある辛口白ワインやソフトな味わいのロゼワインが合う。

- アルト・アディジェ地方のソーヴィニヨン
- ラクリマ・クリスティの白
- バルドリーノ・キアレット

※ は白、は赤、はロゼ（ロザート）、はスプマンテなど特殊なワイン

▼旨煮

肉や野菜をみりん、砂糖、しょうゆなどで甘辛く煮た料理。この料理に和辛子を加えれば、甘辛の味わいに幅ができ、ソフトな味わいの赤ワインやロゼワインと合わせることができる。

- メルロー、ドルチェット、ボナルダなどの日常赤ワイン
- バルドリーノ・キアレット
- カステルモンテ・ロザート

味噌

以前、金山寺味噌はワインに合わないものかと試してみたことがある。多くの味噌は、塩分が強くワインには難しい部分があったが、この味噌はソフトな味わいで甘みがあるからか、アロマを含む辛口白ワインに合った。

- アルト・アディジェ地方のピノ・ビアンコ
- フリウリ地方のシャルドネ
- マルケ地方のヴェルディッキオ・スペリオーレ
- シチリアのカタッラット

イタリア伝来の日本料理

イタリアが原点となり、日本に伝えられたと思われる料理がいくつかある。

まずは、今や日本を代表する料理となり、外国人にも人気の「天ぷら」がその代表だろう。その起源については前にもふれたが、そのほかに、「南蛮漬け」「カルパッチョ」などがある。

南蛮漬け

天ぷらとほぼ同時期、一六世紀中頃に西洋から日本に伝えられた。当時日本では、中国よりも南の国のことを「南蛮」と呼び、日本との貿易を許されたルートを経由した取引を南蛮貿易と呼んでいた。

そこで、ヨーロッパからこのルートを通って入ってきた料理にも南蛮と名付けたと考えられる。

海に面した日本では、豊富な魚介類を保存する方法として適していたこの「南蛮漬け」が取り入れられた。あまり長持ちせず、足の早い小魚などを油で揚げ、酢でマ

リネにした料理だ。この料理法は、イタリアでも古くから知られていた。

中世のヴェネツィアが栄えた頃、この町では既に「ペッシェ・イン・サオール」という料理が作られていた。丸々一尾のイワシをしっかりと油で揚げ、これをタマネギ、ニンジンなどの野菜とワインヴィネガーでマリネにする。

同様の方法で、長持ちしない魚の保存に使われた料理法は北イタリアにもある。身のやわらかい湖の魚を使った「ペッシェ・イン・カルピオーネ」がそれで、今日でも伝統ミラノ料理の店に行くと、用意されていることが多い。

また、南イタリアでは「エスカ・ペッシェ」、スペインでは「エスカベーチェ」と呼ばれるほぼ同様の料理があることから、日本と同様の自然条件にあった地中海沿岸の料理が日本に伝えられたということができる。

カルパッチョ

最近日本でもよく使われる料理名に「カルパッチョ」がある。

もともとは生肉を薄切りにして並べ、パルメザンチーズなどを薄くそいでのせた料理で、下にルッコラを敷いたり、ソースをかけるようになった料理だ。

この料理が知られるようになったのは一九八〇年代初めのイタリアにおける「ヌオヴァ・クッチーナ・イタリアーナ」（新イタリア料理）の時期で、ヴェネツィアにあるハリーズ・バーというレストランの料理が火付け役となった。

そしてイタリアでは生の魚を使い、薄く切ってオリーブオイルやレモンを使った料理も、同様に「カルパッチョ」と呼ぶようになった。

これは当時イタリアで人気を集めつつあった日本の刺身をモチーフにした料理といっていいだろう。私はこの頃、日本料理店でこの生魚の料理を宣伝していた。

この料理が日本にも輸入されるようになり、生の魚を多く食する日本人の好みにあったことから人気を得、多くの料理店のメニューに載ることになった。

イタリアワインと日本料理の組み合わせ表

天ぷら

魚介類と野菜、きのこなどに衣を付け、油で揚げる。小麦粉と油を使うことから甘みと油分を含むため、新鮮みのある白ワインや、さわやかな発泡性辛口白ワインなどが合う。	○ソアーヴェ　Soave ○ガヴィ　Gavi ○ヴェルディッキオ・デイ・カステッリ・ディ・イエージ Verdicchio dei Castelli di Jesi ☆プロセッコ（スプマンテ）　Prosecco

刺　身

刺身にする魚によって合わせるワインは変わってくるが、刺身に塩を使うと白ワインを合わせやすい。しょうゆには旨みの成分も含まれているため、しょうゆをつけて食べるとワインが負けてしまって合わせにくくなる。

スズキ、タイなど しょうゆとワサビで食べることが多いので、比較的酸を感じる辛口白ワインが合う。	○サルデーニャ島のヴェルメンティーノ Vermentino ○ロマーニャ地方のトレッビアーノ Trebbiano ○ソアーヴェ（若いもの）　Soave
ヒラメやカレイなど ほかの白身魚と比べると比較的脂肪分が多く、酢じょうゆやショウガじょうゆなどを使うことがあるので、アロマがあり、アルコールを感じる辛口白ワインが合う。	○ヴェルナッチャ・ディ・サン・ジミニャーノ Vernaccia di San Gimignano ○ガヴィ　Gavi ○ロマーニャ・アルバーナ（辛口） Romagna Albana
ハマチ、ブリ、イワシ、サバなど 脂が多い魚や血合い肉をもつ魚には、しょうゆにワサビ、ショウガ、ニンニク、唐辛子などを使うので、旨みがあり、アルコールを感じさせる辛口白ワインや辛口のロゼワインが合う。	○グレコ・ディ・トゥーフォ Greco di Tufo ○ソアーヴェ・スペリオーレ Soave Superiore ◆バルドリーノ・キアレット Bardolino Chiaretto ◆アルト・アディジェ・ラグレイン・ロザート Alto Adige Lagrein Rosato ◆カステル・デル・モンテ・ロザート Castel del Monte Rosato ☆プロセッコ　Procecco
マグロ 赤身とトロの部分では全く違った味わいになるが、オリーブオイルやコショウなどを使うと、比較的タンニンが少なく、味わいがまろやかな赤ワインに合う。	●バルドリーノ Bardolino ●サンジョヴェーゼ主体の軽めの赤ワイン Sangiovese ◆カステル・デル・モンテ・ボンビーノ・ネーロ Castel del Monte Bombino Nero

○白　●赤　◆ロザート（ロゼ）　☆スプマンテ

寿司

関西風と江戸前で作り方や味わいが大きく違ってくる。

関西寿司（ちらし寿司、押し鮨） 魚を塩と酢でしめたり焼いたり、煮たりすることが多く、寿司飯にも昆布だしを入れて炊き、やや甘めの味付けになっているので、合わせるワインもやや甘みがあり、酸味もある辛口白ワインがよい。	○フラスカティ・スペリオーレ Frascati Superiore ○オルヴィエート・アッボッカート Orvieto Abboccato ○ヴェルメンティーノ・ディ・ガッルーラ Vermentino di Gallura
江戸前寿司 白身の魚から貝類まで、またマグロの赤身からトロまで種類は幅広い。そのほとんどを生のまま使うので、辛口の白からタンニンがやわらかく熟した赤ワインまで、ワインも幅広く合わせることができる。まず、フレッシュ感のある北イタリアの辛口白ワインからはじめ、次に、ある程度アロマがあり、しっかりした味わいの辛口白ワインへと移していけばよいだろう。そして、マグロの漬けや脂ののったサバには、コショウや和辛子など調味料の工夫をして、まろやかな味わいの赤ワインか、熟成を経てタンニンもほぐれ、まろやかな味わいになった赤ワインを合わせることができる。	○ピノ・ビアンコ（各種） Pinot Bianco ○シャルドネ（各種）Chardonnay ○ピノ・グリージョ（各種） Pinot Grigio ○ヴェルナッチャ・ディ・サン・ジミニャーノ Vernaccia di San Gimignano ○ソアーヴェ・スペリオーレ Soave Superiore ○アルバーナの辛口　Albana ●バルドリーノ　Bardolino ●ロマーニャ・サンジョヴェーゼ Romagna Sangiovese ●北イタリアのボナルダ　Bonarda

しゃぶしゃぶ

牛肉を薄切りにし、だしをとった沸騰水の中にさらして脂肪分を落とし、これをレモンじょうゆやポン酢しょうゆ、あるいはゴマだれで食べる。肉だけではなくたっぷりの野菜も一緒に食べるので、通常は白ワインが合う。どうしても赤ワインを合わせたい時には、比較的タンニンが少なく、ソフトな味わいのものを選べばよい。もちろん、肉の質によってはしっかりした味わいのワインも喜ばれるだろう。アロマのしっかりした辛口スプマンテも合う。

ポン酢しょうゆなどで食べる場合 酸と旨みが加わるので、これに負けない酸と旨みをもったワインが必要になる。 まろやかでしっかりした味わいの辛口白ワインが合う。	○フラスカティ・スペリオーレ Frascati Superiore ○ガヴィ　Gavi ☆オルトレポー・パヴェーゼ・スプマンテ Oltrepò Pavese Spumante
ゴマだれで食べる場合 ゴマにはかなりの香りと味わいが含まれているので、さらにアロマのきいた成熟した白か、辛口ロゼ、あまりタンニンを感じさせない軽めの赤ワインと合わせることができる。	○木樽熟成させたアルト・アディジェのソーヴィニヨンやピノ・グリージョ Sauvignon, Pinot Grigio ◆ラグレイン・ロザート Lagrein Rosato ●ロマーニャ・サンジョヴェーゼ Romagna Sangiovese

すき焼き

すき焼きには肉だけではなく野菜や豆腐などをたっぷり入れるが、調味料に日本酒のほか砂糖なども使い、やや甘口の濃い味付けになる。これを生卵に通して食べることによって味わいがまろやかになり、肉の脂肪分も覆いかくされる。 そこで、普通であれば赤ワインを合わせたいところだが、しっかりとして味わいのある、少し熟成した厚めの白ワインを合わせることもできる。赤ワインなら、あまりタンニンを感じないバランスのよいものがよい。	○オルヴィエート・スペリオーレ（旨みとコクのあるもの） Orvieto Superiore ○フリウリ地方のヴェルドゥッツォ Verduzzo ●バルベーラ・ダスティ Barbera d’Asti ●キアンティ（若いもの） Chianti ●ヴァルポリチェッラ・リパッソ Valpolicella Ripasso ●チェラスオーロ・ディ・ヴィットーリア Cerasuolo di Vittoria

和え物、酢の物

野菜をベースにだしや酢、砂糖、味噌、塩などを使ったこれらの料理は、バランスがよく、どちらかというとアロマを含む、辛口からやや甘口の白ワインが合う。

アサリと小松菜の和え物 味付けにはだしとしょうゆを使うが、青野菜と貝の組み合わせなので、バランスのとれた白ワインが合う。	○ソアーヴェ　Soave ○ヴェルディッキオ・デイ・カステッリ・ディ・イエージ Verdicchio dei Castelli di Jesi
マグロの山かけ しょうゆに漬けたぶつ切りのマグロに、すりおろしたヤマイモをかける。マグロの赤身の成分とヤマイモに含まれる味わいのコクから、甘みのある白、ソフトなロゼ、軽めの赤ワインなどが合う。	○フラスカティ・アッボッカート Frascati Abboccato ◆バルドリーノ・キアレット Bardolino Chiaretto ●ヴェネト地方のソフトな味わいの軽めのメルロー　Merlot
セリのゴマ和え しょうゆ、米酢、砂糖を使ったゴマ和え。ゴマの風味とセリの香りがアクセントになっているので、バランスがよく、しっかりとした味わいある辛口白ワインが合う。	○サルデーニャ島のヴェルメンティーノ Vermentino ○ウンブリア地方のトルジャーノ・ビアンコ Torgiano Bianco ○ロエロ・アルネイス　Roero Arneis
小アジの南蛮漬け 小アジをしっかり揚げてから、タマネギ、ニンジンなどの野菜と一緒に米酢で漬けてあるので、アロマを含み、しっかりした味わいの、もしくはアルコール度の高い辛口白ワインが合う。	○フリウリ地方のソーヴィニヨン Sauvignion ○アルト・アディジェ地方のリースリング Riesling ○ヴェルナッチャ・ディ・オリスターノ Vernaccia di Oristano
鶏肉と野菜のおろし和え 鶏肉とシイタケ、キュウリにダイコンおろしを和え、酢を加えたもの。米酢を使うので、酸とアロマがあり、しっかりした味わいの辛口白ワインが合う。	○ヴェルナッチャ・ディ・サン・ジミニャーノ Vernaccia di San Gimignano ○グレコ・ディ・トゥーフォ Greco di Tufo

○白　●赤　◆ロザート（ロゼ）　☆スプマンテ

焼き物

魚を焼く場合、塩もしくは味噌、あるいはしょうゆなどをつけて焼くことが多く、魚本来の味わいに加え、味付けによって合わせるワインが変わってくる。比較的香りが高くアロマの強い辛口白ワイン、もしくはわずかなタンニンを含む辛口ロゼ、軽めの赤ワインを合わせるとよい。

サバの塩焼き 脂ののったサバに塩をして焼き、ダイコンおろしで食べるのが一般的。サバの脂に塩味が加わるので、アロマと旨みを含み、しっかりした味わいの白ワインや、辛口のロゼワインが合う。和辛子を加えると味わいのバランスが変わり、不思議に赤ワインにも合う。	○ピエモンテ地方のガヴィ、アルネイスなどの辛口白 Gavi, Arneis ○ヴェルナッチャ・ディ・サン・ジミニャーノ Vernaccia di San Gimignano ◆アルト・アディジェ地方のラグレイン・ロゼなど　Ragrein Rosé
イカのしょうゆ焼き イカの皮をむき、しょうゆと酒に漬けて網焼きにする。イカを生で食べるときよりも旨みが加わっているので、バランスがよく、アルコールや酸を感じさせる辛口白ワインが合う。	○トレッビアーノ・ダブルッツォ Trebbiano d'Abruzzo ○ソアーヴェ・スペリオーレ Soave Superiore ○ヴェルメンティーノ・ディ・ガッルーラ Vermentino di Gallura
ブリの味噌漬け焼き 脂ののったブリを味噌に漬けて網焼きにする。ブリの脂に味噌の旨みが加わっているので、アルコールを感じ、しっかりした味わいの辛口白ワインや、酸があり甘みがあって、あまりタンニンを感じさせない軽めの赤ワインが合う。	○グレコ・ディ・トゥーフォ Greco di Tufo ○ロマーニャ・アルバーナ（辛口） Romagna Albana ●北イタリアのボナルダ　Bonarda
ニシンの七味焼き 脂ののったニシンをしょうゆとショウガ、七味、ニンニクで味付けして焼く。ニシンの脂とショウガなどのコントラストのある味わいの料理なので、酸がしっかりしていて、生き生きとした若い赤ワインもしくは辛口スプマンテが合う。	●バルベーラ主体の赤ワイン　Barbera ●ヴァルポリチェッラ　Valpolicella ●ロッソ・コーネロ　Rosso Conero ☆ドゥレッロ・メトド・クラッシコ Durello Metodo Classico
カキのバター焼き レモンとしょうゆで食べるときは、アロマを含み、ミネラル感のあるしっかりした味わいの辛口白ワインが合う。	○木樽を使ったトレンティーノ地方のシャルドネ　Chardonnay ○フリウリ地方のリースリング　Riesling ○ヴェルナッチャ・ディ・サン・ジミニャーノ Vernaccia di San Gimingano
鶏肉の照り焼き ソテーした鶏肉に甘辛いたれをからめて焼く。照り焼きはソースの味わいが強く出るため、あまりタンニンを含まない、バランスのよい赤ワインが合う。	●ドルチェット主体の赤ワイン　Dolcetto ●オルトレポー・パヴェーゼ・ボナルダ Oltrepò Pavese Bonarda ●ロマーニャ・サンジョヴェーゼ Romagna Sangiovese

焼きギョウザ 肉やニラなどを細かく切って皮に詰めて焼き、しょうゆで食べる。油分も多く含まれ、しょうゆの味つけになるので、しっかりした味わいの白や辛口ロゼ、酸があり、あまりタンニンを感じさせない軽めの赤ワインなどが合う。	○フィアーノ・ディ・アヴェッリーノ Fiano di Avellino ◆カステル・デル・モンテ・ロザート Castel del Monte Rosato ●キアンティ（軽めの若いもの）Chianti
揚げ物 揚げ物は衣を付けて油で揚げるため、素材の味わいに加えて油の重さ、甘みが加わり、さらにソースをかけて食べることが多いので、素材に比べ比較的重めのワインを合わせるとよい。	
魚のフライ 魚の切り身に塩をしてパン粉を付けて揚げる。タルタルソースで食べることが多く、多少コクが出るので、酸とアルコールのバランスがよく、味わいのある辛口白ワインが合う。	○クルテフランカ・ビアンコ Curtefranca Bianco ○ガヴィ　Gavi ○ヴェルディッキオ・スペリオーレ Verdicchio Superiore
小アジの唐揚げ 小アジを二度揚げしてダイコンおろし、もしくは塩を添える。カラッと揚げ、塩味で食べるので、しっかりした味わいの辛口白ワインが合う。	○アルト・アディジェ地方のシャルドネ Chardonnay ○フリウリ地方のリースリング　Riesling ○エミリア地方のマルヴァジア　Malvasia
サバの竜田揚げ サバをショウガじょうゆに漬け込み揚げたもの。サバに味がしみ込んでいて濃いめの味わいなので、ミネラル感と個性があり、旨みを含む辛口白ワインか、辛口ロゼワインが合う。和辛子を添えれば軽めの赤ワインと合わせることができる。	○フィアーノ・ディ・アヴェッリーノ Fiano di Avellino ◆アルト・アディジェ・ラグレイン・ロザート Alto Adige Lagrein Rosato ●カステル・デル・モンテ・ロザート Castel del Monte Rosato
ナスのはさみ揚げ ナスに挽肉をはさんで揚げる。ナスの甘みに油の厚みと肉の旨みが加わるので、個性があり、旨みを含むしっかりとした白、もしくは軽めの赤ワインが合う。	○グレコ・ディ・トゥーフォ Greco di Tufo ●バルドリーノ　Bardolino ●ヴェネト地方のメルロー　Merlot

○白　●赤　◆ロザート（ロゼ）　☆スプマンテ

煮物

煮物料理には魚や肉のほか、たっぷりの野菜を使用し、しょうゆ、酒、みりん、味噌、酢などでやや甘めの味つけをするため、酸のバランスがよく、旨みのある辛口白ワイもしくはソフトな味わいの赤ワインが合う。

肉じゃが 日本人の誰もが好むメニューだが、ジャガイモとタマネギの甘み、牛肉の旨みには、心地よい酸味、果実味とわずかにタンニンを感じるバランスのよい赤ワインが合う。	●ロマーニャ・サンジョヴェーゼ Romagna Sangiovese ●フリウリ地方のメルロー　Merlot ●キアンティ（軽めの若いもの）　Chianti ●メルロー、ドルチェット、ボナルダなどの日常赤ワイン　Merlot, Dolcetto, Bonarda
旨煮 肉や野菜をみりん、砂糖、しょうゆなどで甘辛く煮た料理。和辛子を加えれば甘辛の味わいに幅ができ、ソフトな味わいの赤ワインやロゼワインと合わせることができる。	◆バルドリーノ・キアレット Bardolino Chiaretto ◆カステル・デル・モンテ・ロザート Castel del Monte Rosato ●ロッソ・ピチェーノ Rosso Piceno
サバの味噌煮 サバの切り身を味噌で煮込み、酒、砂糖、ショウガで味付けする。比較的味の濃い魚料理なので、アロマを含むしっかりした味わいの辛口白か、なめらかであまりタンニンを感じない赤ワインが合う。	○フリウリ地方のソーヴィニヨン種、ヴェルドゥッツォ種、リボッラ種などを使ったワイン Sauvignon, Verduzzo, Ribolla Gialla ●バルドリーノ　Bardolino ●ロッソ・コーネロ　Rosso Conero
酢豚 揚げた豚肉と野菜を炒め、味付けしてとろみをつける。甘酸っぱいので、酸味とミネラル感のある辛口白ワインやソフトな味わいのロゼワインが合う。	○アルト・アディジェ地方のソーヴィニヨン Sauvignon ○ラクリマ・クリスティ・デル・ヴェスーヴィオ・ビアンコ Lacryma Christi del Vesuvio Bianco ◆バルドリーノ・キアレット Bardolino Chiaretto
ふろふきダイコン 昆布だしで煮込んだダイコンに練り味噌をかけ、ユズの皮をのせる。ダイコンの甘みに味噌のアクセントがつくので、ソフトな味わいでほのかな甘みを感じる新鮮な白ワインが合う。	○アルト・アディジェ地方のピノ・グリージョ Pinot Grigio ○フラスカティ（辛口）　Frascati ○トルジャーノ・ビアンコ Torgiano Bianco
豚肉とゴボウの卵とじ 卵が肉とゴボウの仲を取りもつ役目を果たしている料理。全体の味付けがやや甘みを帯びるので、まろやかでバランスの取れた、アルコールを感じる熟成辛口白ワインが合う。	○オルヴィエート・スペリオーレ Orvieto Superiore ○フラスカティ・スペリオーレ Frascati Superiore
ロールキャベツ ベーコン、塩、コショウで味付けし、和辛子で食べることも多い。野菜と塩の味わいがベースなので、やや酸味を感じ、味わいのある辛口白ワインが合う。	○トルジャーノ・ビアンコ Torgiano Bianco ○アルネイス主体の白ワイン　Arneis ○ポミーノ・ビアンコ　Pomino Bianco

味噌

以前、金山寺味噌はワインに合わないものかと試してみたことがある。多くの味噌は、塩分が強くワインには難しい部分があったが、この味噌はソフトな味わいで甘みがあるからか、アロマを含む辛口白ワインに合った。

金山寺味噌	○アルト・アディジェ地方のピノ・ビアンコ Pinot Bianco ○フリウリ地方のシャルドネ種主体のワイン Chardonnay ○マルケ地方のヴェルディッキオ Verdicchio ○シチリアのカタッラット種主体のワイン Catarratto

4 イタリアワイン解説

IL VINO ITALIANO

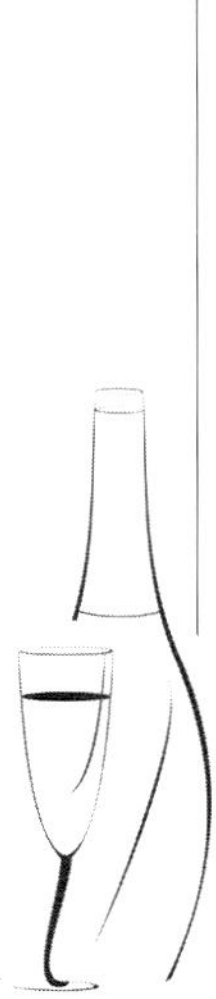

イタリアワインについて

今から二〇〇〇年前、古代ローマ時代のワインは貴重なものだった。現在のような発酵技術もなく、ステンレスタンク、冷却装置、ガラス瓶などはなく、今日われわれが親しんでいるようなワインとは違いかなり煮詰まった甘いもので、水などを加えて飲んでいた。

また、ワインはかなり高価なもので、庶民にはなかなか手の届かない飲み物だった。

教会においても、パンはキリストの体、ワインはキリストの血とされ、司祭はミサのときにワインに水を加えて使用していた。宴会の席では、今日のソムリエのようなサーヴィスをしていた、〝レ・ディ・バンケット〟と呼ばれるその日の宴会の責任者が、ワインと水の配合を決めたといわれる。

その頃ローマ近郊では、ワイン生産者がオステリア（居酒屋）を無許可で営業することがあった。この居酒屋の店先には、目印としてカシの木の枝で茂みが作ってあった。そこで居酒屋も、葉の茂みを意味する〝フラスカ〟とか〝フラスケッタ〟と呼ばれるようになったという。

ロンバルディア州マントヴァ地方の農民の間には、〝コンパナティコ〟という言葉が残っている。これはパンとワインにサラミかチーズなどを添えただけの貧しい食事のことで、ワインは貧しい農民の間では飲物というよりもアリメント（栄養物）と認識されていたことがうかがえる。

また一家の主人が、〝アノリーニ（この地方の詰め物パスタ）入りスープ〟にワインを加えたものを夕食前に飲み、残ったスープを暖炉の火の中に振りかけるという風習がある。これは〝ベヴェル・イン・ヴィン〟と呼ばれ、〝プロテットーリ・デッラ・カーザ（家の守護聖人）〟に捧げるものとされている。

つまり、ワインは日常生活の中で、力を与えてくれるものとして認識されていたのである。この風習は古代ローマの時代からすでにあったもので、ローマ人は部屋の中央にワイン入りの飲み物を入れた壺を置いて大切にしたという。

アリメントとしてのワインも、時代を経るにしたがって少しずつ変わり、地方によっても異なったものとなっていった。

北部アルプスの麓のヴァルテッリーナやアルト・アディジェなどの山岳地方では、〝ヴィーノ・ブルレ〟と呼ばれるホットワインが飲まれる。これは砂糖やリキュールなどを入れ、体を温めるために使われた。現在でもスキー場に行くと飲ませてくれる、冬の寒さにはもってこいの飲み物だ。

もちろん、ワインは料理にも多く使われ、肉や魚の美味しさを引き出す働きもする。リゾット・アッラ・ミラネーゼ（ミラノ風リゾット）も、最後に白ワインを加えるか、赤ワインを加えるかで、色だけでなく香りや味も変わる。北イタリアでは、古くから野菜と肉を赤ワインに漬け込んでしっかり煮込む〝ブラザート〟と呼ばれる料理がある。また、デザートにも各種ワインが使われ、白ワインや甘口ワインだけでなく、辛口の赤ワインも洋ナシのシロップ煮などに加えるとその味を高めてくれる。

ワイン文化の国イタリアでは、ワインベースのカクテルはごく一般的なものになっている。発泡性辛口白ワインにピーチ果汁を加えたベッリーニ、イチゴジュースを加えたロッシーニ、オレンジジュースを加えたミモザのほか、各種ワインを混ぜ合わせたものや、ヴェルモットなどワインベースのリキュールを使ったカクテルも多い。今日では、カンパリやアペロール（オレンジベースの飲み物）などにプロセッコ（発泡性ワイン）を加え、これに炭酸水を加えたロングドリンク、〝スプリッツ〟も流行っている。

イタリアの家庭では、子供が一〇歳を過ぎる頃から赤ワインをガス入りの水で割って飲ませる。

ブドウの収穫時期になるとブドウを搾ったジュース、モストを子供に飲ませるが、このモストを飲み慣れた子供たちにとって、水で割ったワインの味はそれほど遠いものではない。また古くは、子供の手足をワインで拭くと力がつくと信じられていた。

このように、ワインは子供の頃からごく身近にあるものだった。食卓では祖父母や父母がワインを水同然に飲んでいる。こうした環境に育ったイタリア人は、ワインがアルコール飲料であるといった認識は少ない。今でも、外で食事をとったあと車で帰宅する人は多いが、適量であればそれほど気にせず車を運転している。おそらくアルコールに強いイタリア人には、ワインは〝アリメント〟という意識があるからだろう。

　食事の時、ワインにいろいろなものを混ぜて飲む工夫もなされた。

　バラの花やサンブーコ（ニワトコ）の花を浸して香りをつけたり、果物を加えたサングリアのようなものは、特にデザート用のワインとして用いられた。

　ヴェネト地方では今でもエスプレッソコーヒーにグラッパのみならずワインを加えるところもある。

　シチリアが原産といわれるハーブ入りワイン、〝ヴェルモット〟は、イギリス人によって広く世界に広められた。ヴェルモットは、シチリア島がヨーロッパにおいてアメリカ大陸のような新天地だった時代、トラパニ近くの山中にあるエリチェ・ディ・ヴェネレと呼ばれる神殿で、遠路はるばるここを訪れる者に捧げられていたという。長期の船旅の疲れをいやすためにやって来た船乗りたちは、儀式の前にこの樽に詰められた神聖なワインで身を清めた。実際にはかなり強いワインであったようだ。

　北イタリアでは今でも〝ウンブレッタ〟といって、朝から一杯のワインを飲んで体を温める習慣がある。

　また男たちは、一日の仕事が終わるといつもの場所に集まり、知人が一人増えるごとに一杯のワインが追加され、何杯かのワイングラスを空にして家に帰るのを楽しみにしている。この一杯のワインのことを〝ウンブロ・デ・ヴィン〟という。ここではワインはアリメントというよりも、知人と一緒に飲んで気分転換をはかるものである。

　近年、食後に飲んでいたコニャックやウイスキーのかわりにワインを飲むことがある。これはヴィーノ・ディ・メディタツィオーネ（瞑想のためのワイン）と呼ばれ、食後のおしゃべりをいっそう楽しくするものだ。

　おしゃべり好きのイタリア人は、レストランで食事をすませたあとも、なかなか席を立とうとしない。そこで店の主人は隣のテーブルに椅子を乗せ、シャッターをガラガラと下ろしはじめる。このくらいしないと店を出ようとしないからだ。

こんなときに飲むワインは、バローロやバルバレスコ、ブルネッロなど長期の熟成に耐える力強いワインであったり、モスカート（マスカット）やラマンドロ、ピコリット、ヴィン・サントなどの甘口ワインであったりするが、必ず何かつまみのようなものが用意される。

筆者がミラノでレストランの支配人をしていたときの話である。従業員は日本人とイタリア人がほぼ半々だった。昼休みを利用した従業員用の食事の際、なぜかイタリア人には必ず一杯の赤ワインが用意されていた。それを見た日本人スタッフが、われわれにもビールぐらい飲ませてくれてもいいだろうと言い出した。しかし日本人社会では、仕事中にビールを飲むのは好ましくないと判断される。そこで、イタリア人に対しても、ワインは仕事が終わってからにしては、と要求したところ、なんと彼らは食事中にワインを飲む権利があると言い張るのだ。そんなバカな話はないと思いつつ、一応就業規則を調べてみると、なんと「食事には一杯のワイン」とある。まさかと思ったが、いや、さすがワイン文化の国、これこそ〝アリメント〟なのだと感心した。

今日のイタリアワイン

イタリアにおけるワイン造りの歴史は古いがワインの消費もかなりのものであった。

イタリアにおけるワインの消費は、一九七〇年代には年間一人当たり一二〇リットルだったものが、四〇年で三分の一に近い四〇リットル以下まで下がった。

イタリアの食文化、あるいはワインの歴史上、これほど短期間に大きな変化が起こったことはなかっただろう。近年ワインの消費量が減った理由としては、一つには気候の変化がある。以前ほど寒くなくなってきたため、アルコール類の消費量が減ってきたのである。さらに、食事がライト化したことも理由にあげられる。食事が淡白になったのに伴い、ワインも赤ワインから白ワインへと変化し、さらに白ワインからビールに、そして、ソフトドリンクやミネラルウォーターに大きくシフトした。今ではイタリアの水の生産量はフランスを上回り、ヨーロッパ一のミネラルウォーターの生産国になっている。

一方、伝統的にシエスタ(昼休み)

が長かったイタリアでも、近年、大都市を中心にシエスタの時間が短縮され、ビジネスマンの生活パターンも変わってきた。

シエスタのために起こっていた午後一時の帰宅ラッシュ、三時の出勤ラッシュはめっきり減った。人々は、あまりお金をかけずに短時間で食事をすませるようになった。街の角々にあるバールはランチを用意する店に変身し、〝パニーノ（生ハムやチーズなどをはさんだパン）〟などが流行するようになった。こうなると食事との相性や、午後の仕事のこともあり、ワインを飲む人が大幅に減ることになる。店の雰囲気や食事のライト化から、ビールやミネラルウオーターの消費が大きく伸びた。

こうした時代の変化、あるいは若い人のワイン離れに対して、ワインの生産者側からもいくつかの提案がなされた。

各地方で軽いワインが造られるようになったのもその一つだ。

まずトスカーナ州では、トレッビアーノ種で、アルコール分を低く抑えた軽めのガレストロが造られるようになった。またキアンティの若いワインともいえる軽い赤ワイン、サルメントが夏に飲む赤ワインとして売り出された。

ピエモンテ州では、赤ワイン用のブドウを白ワインと同様の方法で発酵させて造ったフルーティーな白ワイン、ヴェルヴェスコが売り出された。

エミリア・ロマーニャ州の発泡性赤ワイン、ランブルスコは、イタリアのみならずアメリカに渡って大人気を得た。

またフランスのヌーヴォーワインの影響もあって、イタリアにおいてもカーボン発酵させた軽く飲み口のよい新酒、〝ノヴェッロ〟が造られるようになった。

ごく最近ではヴェネト州の発泡性辛口白ワイン、プロセッコも、手軽な価格で食前、食中を問わず飲まれるようになった。このプロセッコは、DOC、DOCG合計でなんと五億本が造られている。これはスパークリングワインとしては三億五〇〇〇万本を生産するシャンパーニュをはるかに超えるもので、発泡性ワインとしては世界一の生産量である。

そして、ロンバルディア州のオルトレポー・パヴェーゼのように、新しいDOC（統制原産地呼称）規定では各ワインに発泡性のものも認めるなどして、新しい市場を求めて地域ぐるみの対応策が検討されるようにもなった。

一方、こうした流れとは逆に、イタリアワインの高級化もはかられてきた。

一九八〇年代に始まるイタリアファッションの世界的流行に乗って、イタリア料理も世界中で認められるようになっていった。これに伴って知名度が高くファッション性の高いイタリアワインが海外に出て行くようになり、日本のイタリア料理店においても高級イタリアワインが並ぶようになった。

しかし、イタリアファッションのブームも五、六年で終わり、一九八〇年代末には高級ブランド品は在庫の山となっていった。高級イタリアワインも同様の扱いを受け、レストランのワインセラーで眠ることになった。

一九九〇年代に入ると再びイタリアファッションは元気を取り戻してきた。今度は高級品のみならず、費用対効果の高いイタリアのすぐれた素材に人気が集まるようになった。日本においても、景気は今ひとつといいながらもイタリア関連の人気は根強く、それなりの価格で楽しめるイタリア料理店に再び人気が戻った。

こうした状況のなか、円高不況もあって低価格ワインが日本に大量に流入することになった。

もともと世界一のワイン生産量を誇るイタリアワインはこの波に乗り、日本のみならず世界各国へ輸出を急激に伸ばすことになった。

この背景には、イタリアワイン生産者の長年にわたる技術向上の努力と、ワイン造りにおける技術の進歩がある。それは、〝スーパータスカン〟と呼ばれた、〝サッシカイア〟のように、インターナショナルな品種を使用し、世界に通用する味を意識したワイン造りである。つまり、赤ではカベルネ・ソーヴィニヨン種、白ではシャルドネ種などを使用することであり、また、バニラ香を生むオーク材の樽を使用するといった、世界的な味の流れをつかんだ商品開発であった。

一方、バローロのように古く重たいイメージの赤ワインも、今日の軽くなった料理に合わせて、その特徴を残しつつ、比較的軽く、しかも飲みやすいワインに変える努力がなされた。こうしたさまざまな努力が実り、イタリアワインはフランスワインに次ぐイメージのワインとして認知されるようになった。

一九九〇年代、日本におけるイタリアワインの輸入量は急増した。とはいえ、フランスワインとの差は依然として大きい。今後さらにイタリア的ライフスタイルが人気を得、イタリアの生産者の技術が向上し、気軽でしかも内容のよいイタリアワインが一般家庭に普及するようになれば、本当の意味でのイタリアワインのよさが理解されることになるだろう。

　イタリアにおける高級ワイナリーの歴史はフランスのシャトーに比べて浅く、その規模も小さい。フランスのシャトーが世界のデパートに並ぶ量を毎年生産しているとすれば、イタリアの高級ワイナリーは有名ブティックに並ぶくらいの量しか造っていない。しかし、バラエティーに富んでいるこれらのワインは、個人の好みやライフスタイルに合わせたワインを選ぶことは容易にできる。つまり、イタリアワインを選ぶのは、ブティックでシャツやジャケットに合う自分好みのネクタイやスカーフを探すようなものなのだ。イタリアらしいワイン選びが自由にできるようになれば、イタリアワイン選びももっと楽しいものとなるだろう。

イタリアワインをどう覚えるか

　イタリア語を覚えるには複雑に変化する主要動詞の変化を暗記しなければならない。

主語を言わないケースの多いイタリア語は、主要動詞の格変化が極端で、元の動詞の原形と全く違う言葉になるため、これをまず覚えてしまわなければ誰が誰に話をしているのかさっぱりわからなくなってしまう。

　これと同様にイタリアワインも主要四〇種ほどのワインを覚えてしまえば現地のレストランに行っても十分に通用する。

　日本においても、イタリアレストランに行って自分の知っているワインを注文できるようになれば第二段階。店側も商売なので、客から指名されたワインを喜んでサーヴィスしてくれる。

　こうして自分が覚え、自分なりに選んだワインと料理の相性を楽しむことができるのも数多くのワインを有するイタリアワインならではの楽しみ方だろう。

　まずは主要ワインを覚え、実践で自分のものにしていくことが大切である。

　物事を成すには近道がないのと同

様に、イタリアワインを覚えるのにも近道はないと思うので、まずはイタリアワインの全体像をつかみ、ある程度習得できたところで細部を探っていけばよいだろう。有名なワインや知名度の高いワインばかりを飲んでいてもお金がかかるだけではなく、イタリアワインの全体像をつかむことはできず、マニアックな方向に進んで行ってしまうのではないかと思う。

主なイタリアワイン　リスト

1 アスティ（DOCG、ピエモンテ州）
2 バルバレスコ（DOCG、ピエモンテ州）
3 バルベーラ（DOCG／DOC、ピエモンテ州）
4 バローロ（DOCG、ピエモンテ州）
5 ドルチェット（DOCG／DOC、ピエモンテ州）
6 ガヴィ（DOCG、ピエモンテ州）
7 ロエロ（DOCG、ピエモンテ州）
8 アルト・アディジェ（DOC、トレンティーノ・アルト・アディジェ州）
9 トレンティーノ（DOC、トレンティーノ・アルト・アディジェ州）
10 フランチャコルタ（DOCG、ロンバルディア州）
11 オルトレポー・パヴェーゼ（DOCG／DOC、ロンバルディア州）
12 アマローネ・デッラ・ヴァルポリチェッラ（DOCG、ヴェネト州）
13 レッシーニ・ドゥレッロ（DOC、ヴェネト州）
14 コネリアーノ・ヴァルドッビアデネ・プロセッコ（DOCG、ヴェネト州）
15 プロセッコ（DOC、ヴェネト州）
16 ソアーヴェ（DOCG／DOC、ヴェネト州）
17 ヴァルポリチェッラ（DOC、ヴェネト州）
18 コッリョ（DOC、フリウリ・ヴェネツィア・ジューリア州）
19 ロマーニャ（DOCG／DOC、エミリア・ロマーニャ州）
20 ランブルスコ（DOC、エミリア・ロマーニャ州）
21 ブルネッロ・ディ・モンタルチーノ（DOCG、トスカーナ州）
22 キアンティ（DOCG、トスカーナ州）
23 キアンティ・クラッシコ（DOCG、トスカーナ州）
24 ヴィーノ・ノビレ・ディ・モンテプルチャーノ（DOCG、トスカーナ州）
25 ボルゲリ・サッシカイア（DOC、トスカーナ州）
26 ヴェルディッキオ（DOCG／DOC、マルケ州）
27 コーネロ／ロッソ・コーネロ（DOCG／DOC、マルケ州）
28 モンテファルコ・サグランティーノ（DOCG、ウンブリア州）
29 モンテプルチャーノ・ダブルッツォ（DOCG／DOC、アブルッツォ州）
30 オルヴィエート（DOC、ウンブリア州／ラツィオ州）
31 フラスカティ（DOCG／DOC、ラツィオ州）
32 エスト！エスト!!エスト!!!（DOC、ラツィオ州）
33 タウラージ（DOCG、カンパーニア州）
34 フィアーノ・ディ・アヴェッリーノ（DOCG、カンパーニア州）
35 グレコ・ディ・トゥーフォ（DOCG、カンパーニア州）
36 カステル・デル・モンテ（DOCG／DOC、プーリア州）
37 サリチェ・サレンティーノ（DOC、プーリア州）
38 アリアニコ・ディ・ヴルトゥレ（DOCG／DOC、バジリカータ州）
39 チェラスオーロ・ディ・ヴィットーリア（DOCG、シチリア州）
40 マルサラ（DOC、シチリア州）
41 ヴェルメンティーノ・ディ・ガッルーラ（DOCG、サルデーニャ州）
42 カンノナウ・ディ・サルデーニャ（DOC、サルデーニャ州）

1 アスティ DOCG
Asti

品種 モスカート・ビアンコ100%

タイプ 甘口白ワイン（発泡、微発泡）

色 麦わら色もしくはやや黄金色がかった黄色

香 個性的なマスカットのブドウの香り

味 調和のとれた甘口

サーヴィス温度 8～10℃

特徴 微発泡性ワインのモスカート・ダスティはもともとアスティ・スプマンテのベースワインだったが、そのフルーティさに人気があり、デザートワインとして用いられている。

【相性のよい料理】

イタリア料理

- パネットーネ（ミラノ伝統のクリスマスケーキ）
- イーストを使用したスポンジケーキなど

日本料理

- カステラ
- フルーツみつ豆
- 水菓子

Data	最低アルコール度	最低熟成期間	年間生産量（2016）
DOCG（1993～）	11% （内 4.5 ～6.5%残糖分）	1 カ月	9,403 万本

生産地域 ピエモンテ州

主なワイナリー

カッシーナ・カストレット（Cascina Castlet）
チンザノ（Cinzano）
チェレット（Ceretto）
マルティーニ＆ロッシ（Martini & Rossi）
フォンタナフレッダ（Fontanafredda）
テヌータ・カッレッタ（Tenuta Carretta）

2 バルバレスコ DOCG
Barbaresco

品種 ネッビオーロ100%

タイプ 熟成赤ワイン

色 オレンジがかったガーネット色

香 個性的なバラやスミレの香りで、熟成するとエステル香を増す

味 力強く、なめらかでコクがあり、調和のとれた味わい

サーヴィス温度 16～18℃

特徴 イタリアの王様と称されるワインであるバローロの弟分と言われる熟成型赤ワイン。

【相性のよい料理】

イタリア料理
- ブラザート（牛肉の煮込み料理）
- アッロスト（ローストした肉）
- レプレ・イン・チヴェット（野兎の肉を赤ワインと香草で煮込んだもの）
- パルミジャーノ・レッジャーノなど

日本料理
- 和牛のしゃぶしゃぶ（ごまだれ）
- 八丁みその鴨鍋

Data	最低アルコール度	最低熟成期間	年間生産量(2016)
DOCG（1981～）	12.5%	26カ月	467万本
リゼルヴァ	12.5%	50カ月	

生産地域 ピエモンテ州

主なワイナリー

チェレット（Ceretto）
ピオ・チェザレ（Pio Cesare）
フォンタナフレッダ（Fontanafredda）
テヌータ・カッレッタ（Tenuta Carretta）
マルケージ・ディ・グレジ（Marchesi di Gresy）

3 バルベーラ DOCG／DOC *Barbera*

品種 バルベーラ主体

タイプ 軽い赤ワイン～熟成赤ワイン

色 やや濃い目のルビー色

香 ワイン香に花の香りが混じる

味 しっかりした酸と心地良いタンニンを含む味わいのあるワイン

サーヴィス温度 16～18℃

特徴 DOCGにはバルベーラ・ダスティ、バルベーラ・デル・モンフェッラート・スペリオーレ、ニッツァがある。

【相性のよい料理】

イタリア料理
- ■野ウサギのラグーソースのタリアテッレ
- ■赤身肉のローストや煮込み料理
- ■ジビエ料理
- ■バーニャ・カウダ（アンチョヴィとオイル、バターのソースを温め、生野菜を食べるピエモンテ地方の冬の料理）（若いワイン）
- ■パニッサ（インゲン豆入りリゾット）
- ■半硬質チーズなど

日本料理
- ■すき焼き
- ■豚肉の生姜焼き

Data	最低アルコール度	最低熟成期間	年間生産量（2016）
DOCG（2008、2011、2014）	12.5%	26カ月	4,852万本
DOC（1970～）	12.5%	50カ月	

生産地域 ピエモンテ州

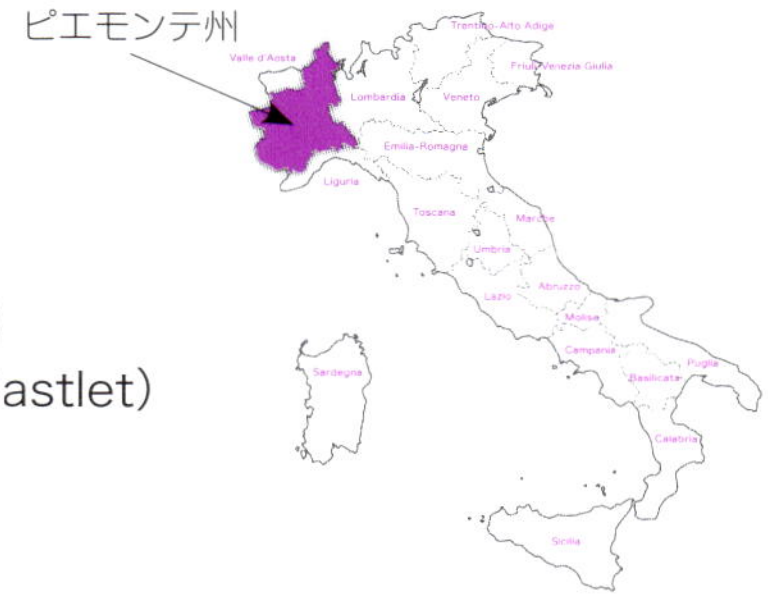

主なワイナリー

チェレット（Ceretto）
ブライダ（Braida）
ミケーレ・キアルロ（Michele Chiarlo）
カッシー・ナカストレット（Cascina Castlet）

4 バローロ DOCG *Barolo*

品種 ネッビオーロ100%

タイプ 熟成赤ワイン

色 オレンジがかったガーネット色

香 個性的で独特な香りで、バラ、スミレの香りを含み、熟成に従いエーテル香を増す

味 辛口で力強く苦みもあるがなめらかで調和が取れている

サーヴィス温度 16～18℃

特徴 バローロの生産地域には11の地域があり、主な地域は北西部のバローロ村、ラ・モッラ村、南東部のカスティリオーネ・ファッレット村、セッラルンガ・ダルバ村、モンフォルテ・ダルバ村。

【相性のよい料理】

イタリア料理

- ストゥファート（牛肉をマリネにして野菜、ニンニクと煮込んだ料理）
- ブラザート（牛肉の煮込み料理）
- フォンデュ
- パルミジャーノ・レッジャーノなど

日本料理

- 和牛のサーロインステーキ
- 牛フィレ肉の炭火焼き
- イノシシ鍋

● Data ●	最低アルコール度	最低熟成期間	年間生産量（2016）
DOCG（1981～）	13%	38ヵ月	1,414万本
リゼルヴァ	13%	62ヵ月	

生産地域 ピエモンテ州

主なワイナリー

チェレット（Ceretto）
マウロ・モリーノ（Mauro Molino）
ジャコモ・コンテルノ（Giacomo Conterno）
アルド・コンテルノ（Aldo Conterno）
テヌータ・カッレッタ（Tenuta Carretta）
フラテッリ・オッデーロ（F.lli Oddero）

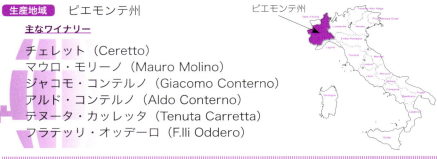

5 ドルチェット DOCG/DOC *Dolcetto*（7地区）

品種 ドルチェット主体

タイプ 軽い赤ワイン～熟成赤ワイン

色 やや濃いめのルビー色

香 独特なワイン香

味 ほろ苦くなめらかな味わい

サーヴィス温度 16～18℃

特徴 DOCGが3（ドリアーニ、ドルチェット・ディ・ディアーノ・ダルバ、ドルチェット・ディ・オヴァーダ・スペリオーレ）、DOCが4（ドルチェット・ダックイ、ドルチェット・ダルバ、ドルチェット・ダスティ、ドルチェット・ディ・オヴァーダ）ある。

【相性のよい料理】

イタリア料理

- サラミ類
- パスタ、リゾット
- 白身肉や軟質チーズ、半硬質チーズなど
- 仔牛肉や豚肉など白身肉の料理から赤身肉の料理まで（DOCG）
- またサラミ類や適度の熟成チーズなど（DOCG）

日本料理

- 豚かつ
- 鶏肉の竜田揚げ

Data	最低アルコール度	最低熟成期間	年間生産量（2016）
DOCG（2008、2011）	12～13%	2～22ヵ月	1,310万本
DOC（1972、1974）	11.5～12.5%	0～12ヵ月	

生産地域 ピエモンテ州

主なワイナリー

アンナ・マリア・アッボーナ（Anna Maria Abbona）
ジッラルディ（Gillardi）
キオネッティ（Chionetti）
ルイジ・タッキーノ（Luigi Tacchino）
テヌータ・カッレッタ（Tenuta Carretta）

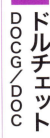

6 ガヴィ DOCG *Gavi*

品種 コルテーゼ100%
タイプ 白ワイン
色 薄い緑色を帯びた麦わら色
香 繊細で上品な香り
味 新鮮で調和のとれた辛口
サーヴィス温度 8～10℃
特徴 微発泡性や瓶内熟成24ヵ月以上のリゼルヴァ・スプマンテ・メトド・クラッシコもある。

【相性のよい料理】

イタリア料理
- ミネストレ・イン・ブロード（パスタ入りスープ）
- 軽いアンティパスト、魚料理
- マス料理やスプマンテ入りリゾットなど（スプマンテ）

日本料理
- アジのフライ
- 天ぷら
- 串揚げ（レモン）

● Data ●	最低アルコール度	最低熟成期間	年間生産量(2016)
DOCG（1998）	10.5%		1,266 万本
リゼルヴァ	11%	12ヵ月	

生産地域 ピエモンテ州

主なワイナリー

ラ・スコルカ（La Scolca）
コントラット（Contratto）
ヴィッラ・スパリーナ（Villa Spalina）
カステッロ・ディ・タッサローロ（Castello di Tassarolo）
テヌータ・カッレッタ（Tenuta Carretta）

7 ロエロ DOCG *Roero*

品種 ロエロDOCGはネッビオーロ主体、ロエロ・アルネイスはアルネイス100%

タイプ 熟成赤ワイン

色 濃いルビー色で熟成に従いガーネット色を帯びる。アルネイスは濃いめの麦わら色

香 繊細なブドウの香りがあり、熟成するとエーテル香を増す。アルネイスは上品な野草の香りを含む

味 辛口でコクがありなめらか。アルネイスはほろ苦さを感じる辛口

サーヴィス温度 16～18℃

特徴 ロエロDOCGにはリゼルヴァもあり、ロエロ・アルネイスDOCGにはスプマンテもある。

【相性のよい料理】

イタリア料理
- この地方のパスタ料理アニョロッティやリゾット（赤）
- 白身肉の料理など（赤）
- サラミ類にも（赤）
- 魚料理、卵料理、軟質チーズ等（アルネイス）

日本料理
- 牛肉のサイコロステーキ（赤）
- 牛肉のしぐれ煮（赤）
- 寿司（アルネイス）
- 天ぷら（アルネイス）

Data	最低アルコール度	最低熟成期間	年間生産量（2016）
DOCG（2004～）	12.5%	20ヵ月	ロエロとロエロ・アルネイス合計で705万本
アルネイス（2004～）	11～11.5%		

生産地域 ピエモンテ州

主なワイナリー

マルヴィラ（Malvirà）
ネグロ・アンジェロ（Negro Angelo）
モンキェーロ・カルボーネ（Monchiero Carbone）
テヌータ・カッレッタ（Tenuta Carretta）
ブルーノ・ジャコーザ（Bruno Giacosa）

8 アルト・アディジェ DOC（1975～）

Alto Adige

【ワインの種類】

白ワイン（辛口、甘口） スプマンテ、ヴェンデミア・タルディーヴァ、パッシート
シャルドネ、ケルナー、モスカート・ジャッロ、ミュッラー・トゥルガウ、ピノ・ビアンコ、リースリング、シルヴァネル、トラミネル・アロマティコ、ピノ・グリージョ、リースリング・イタリコ、ソーヴィニヨン、マルヴァジア

赤ワイン（辛口、甘口） モスカート・ローザ、ラグレイン、スキアーヴァ、スキアーヴァ・グリージャ、カベルネ、メルロー、ピノ・ネロ
2種混醸もある。ロゼワイン、スプマンテもある。

【相性のよい料理】

イタリア料理
- ■軽い魚や野菜のアンティパスト（白）
- ■野菜入りリゾットなど（白）
- ■スペックやグローストル（牛肉のジャガイモとタマネギの煮込み）など（赤）

日本料理
- ■刺し身（白）
- ■豚カツ（赤）

● Data ●	最低アルコール度	最低熟成期間	年間生産量（2016）
DOC（1975～）	10.5～12.5%	0～42ヵ月	3,934万本
パッシート	7+9%		

生産地域 トレンティーノ・アルト・アディジェ州

主なワイナリー

アロイス・ラゲーデル（Alois Lageder）
ホステッター（Hostetter）
コルテレンツィオ（Colterenzio）
サン・ミケーレ・アッピアーノ（San Michele Appiano）
サンタ・マッダレーナ（Santa Maddalena）

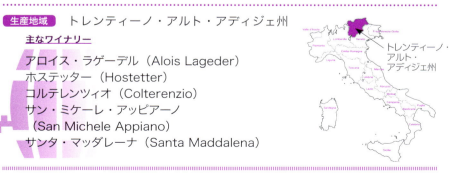

9 トレンティーノ DOC *Trentino*

【ワインの種類】

白ワイン（辛口、甘口） シャルドネ、モスカート・ジャッロ、ピノ・グリージョ、ピノ・ビアンコ、リースリング・レナーノ、リースリング・イタリコ、トラミネル・アロマティコ、ミュッラー・トゥルガウ、ノジオーラ、ソーヴィニヨン

赤ワイン（辛口、甘口） モスカート・ローザ、カベルネ・ソーヴィニヨン、カベルネ・フラン、メルロー、ラグレイン・ルビーノ、マルツェミーノ、ピノ・ネロ、レボ、ヴィーノ・サント、2種混醸もある。

【相性のよい料理】

イタリア料理
- 鱒のボイルや魚のグリル（白）
- 若いチーズなど（白）
- サラミ類や肉のロースト（赤）
- 半硬質チーズなど（赤）
- 甲殻類の料理など（スプマンテ）

日本料理
- 寿司（白）
- 焼肉（赤）

Data	最低アルコール度	最低熟成期間	年間生産量(2016)
DOC（1975～）	11～12.5%	0～42ヵ月	8,712万本
ヴェンデミア・タルディーヴァ	11+4%		

生産地域 トレンティーノ・アルト・アディジェ州

主なワイナリー

サン・ミケーレ・アッピアーノ（San Michele Appiano）
メッツァコローナ（Mezzacorona）
サンタ・マルゲリータ（S. Margherita）
カヴィット（Cavit）
コンチリオ（Concilio）／ラ・ヴィス（La Vis）

10 フランチャコルタ DOCG

Franciacorta

品種 シャルドネ、ピノ・ネロで50%、ピノ・ビアンコ50%以下

タイプ スパークリングワイン

色 緑がかった麦わら色

香 デリケートで独特な酵母の香りや果実香を含み、アロマがある

味 なめらかでフレッシュ感のある辛口～中甘口

サーヴィス温度 8～10℃

特徴 瓶内二次発酵によって造られる、イタリアを代表するスパークリングワイン。白ブドウだけで造られるサテンもある。

【相性のよい料理】

イタリア料理

- アペリティーヴォとして、軽いアンティパストに
- スフレ、淡水魚の料理
- 香りの強めのソースを使った魚料理など
- イゼオ湖のマスの詰め物料理など（ロゼ）
- 辛みや味の強い魚料理（ロゼ）

日本料理

- 食前酒
- 寿司
- 天ぷら

● Data ●	最低アルコール度	最低熟成期間	年間生産量（2016）
DOCG（1995～）	11.5%	18～60ヵ月	1,827万本
ロゼ／サテン	11.5%	24～60ヵ月	

生産地域 ロンバルディア州

主なワイナリー

ベルルッキ（Berlucchi）
フラテッリ・ベルルッキ（F. Berlucchi）
ベッラヴィスタ（Bellavista）
イル・モスネル（Il Mosnel）
カ・デル・ボスコ（Ca’del Bosco）
モンテロッサ（Monterossa）

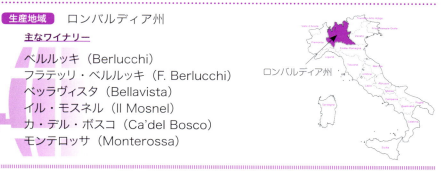

11 オルトレポー・パヴェーゼ DOCG/DOC *Oltrepo' Pavese*

【ワインの種類】

白ワイン（辛口、甘口） ピノ・グリージョ、リースリング、マルヴァジア、モスカート、ピノ・ネロ（ヴィニフィカート・イン・ビアンコ）、シャルドネ、コルテーゼ、ソーヴィニヨン

赤ワイン（辛口、甘口） バルベーラ、ボナルダ、カベルネ・ソーヴィニヨン、ピノ・ネロ

ロゼワイン（ピノ・ネロ）

白、ロゼにはスプマンテ、フリッツァンテ（弱発泡）もある。パッシートは12+3%以上。ピノ・ネロ主体のメトド・クラッシコはDOCG。

【相性のよい料理】

イタリア料理

- ■ブセッカ（仔牛の胃袋を野菜や豆と煮込んだ料理）（赤）
- ■サラミ類、きのこの料理、白身肉など（赤）

日本料理

- ■しゃぶしゃぶ（ポン酢）（スプマンテ）
- ■餃子（白）
- ■ふろふき大根（白）
- ■豚カツ（赤）

● Data ●	最低アルコール度	最低熟成期間	年間生産量（2016）
DOCG（2007～）	11.5～12%	15ヵ月。ミッレジマートは24ヵ月	DOCG、DOC併せて 5,249万本
DOC（1970～）	10.5～12.5%	リゼルヴァは24ヵ月	

生産地域 ロンバルディア州

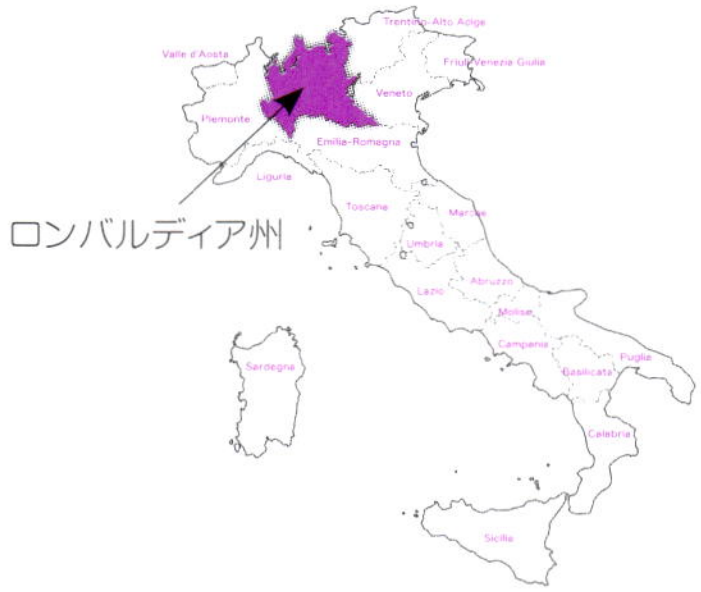

主なワイナリー

ラ・ヴェルサ（La Versa）
レ・フラッチェ（Le Fracce）
カ・デル・フラーラ（Ca' del Frara）
モンスペッロ（Monsupello）
カ・モンテベッロ（Ca' Montebello）

12 アマローネ・デッラ・ヴァルポリチェッラ DOCG

Amarone della Valpolicella

品種 コルヴィーナ・ヴェロネーゼ45 ～ 90%、ロンディネッラ5 ～ 30%

タイプ 熟成赤ワイン

色 ルビー色、熟成と共にガーネットを帯びる

香 マラスカやチェリー、スパイス香を含み、アクセントのある特徴的な香り

味 赤い熟成果実の味わいのある、温かみを感じるなめらかなしっかりとした赤ワイン

サーヴィス温度 18 ～ 20℃

特徴 甘口のレチョート・デッラ・ヴァルポリチェッラもある。

【相性のよい料理】

イタリア料理

■馬肉のブラザート（馬肉をマリネにして野菜、ニンニクと煮込んだ料理）

■ジビエ料理

日本料理

■和牛サーロインの鉄板焼き

■すき焼き

● Data ●	最低アルコール度	最低熟成期間	年間生産量(2016)
DOCG（2010～）	14%	24ヵ月	レチョート・デッラ・ヴァルポリチェッラと併せて1,210万本
リゼルヴァ	14%	48ヵ月	

生産地域 ヴェネト州

主なワイナリー

カンティーナ・ヴァルポリチェッラ・ネグラール（Cantina Valpolicella Negrar）
アッレグリーニ（Allegrini）
ダル・フォルノ・ロマーノ（Dal Forno Romano）
マアジ（Masi）

13 レッシーニ・ドゥレッロ DOC
Lessini Durello

品種 ドゥレッラ主体

タイプ スパークリングワイン（二次発酵：タンク内、瓶内）

色 淡い麦わら色から濃い麦わら色まで

香 繊細でフルーティな香り。リゼルヴァは酵母の香りも

味 心地好い酸味のある辛口から中甘口

サーヴィス温度 8～10℃

特徴 キリッとした酸が特徴のドゥレッロは、生産量も少なく、あまり知られていないが、天ぷら等のやさしい揚げ物によく合うスパークリングワイン。

【相性のよい料理】

イタリア料理
- アペリティーヴォとして
- 魚介類のグリルやフリット・ミスト（魚介類の揚げ物）など

日本料理
- 食前酒
- 刺し身
- 生シラス

● Data ●	最低アルコール度	最低熟成期間	年間生産量(2016)
DOC（2011～）	11%	36ヵ月	90万本
リゼルヴァ	12%		

生産地域 ヴェネト州

主なワイナリー

カンティーネ・ヴィテヴィス（Cantine Vitevis）
フォンガーロ（Fongaro）
フランケット（Franchetto）
カ・ドール（Cà d'Or）
コルテ・モスキーナ（Corte Moschina）
トネッロ（Tonello）

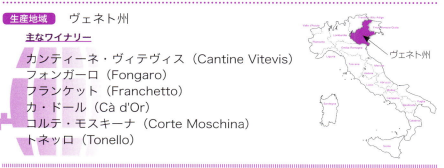

14 コネリアーノ・ヴァルドッビアデネ・プロセッコ DOCG

Conegliano Valdobbiadene Prosecco

品種 グレーラ85％以上、ビアンケッタ・トレヴィジャーナ、ペラーラ、グレーラ・ルンガ15％以下

タイプ スパークリングワイン、弱発泡、白ワイン

色 緑がかった輝きのあるやや濃いめの麦わら色

香 心地好い果実の香りを含む特徴的な香り、時には酵母の香りも

味 フルーティで心地よく、調和の取れたフレッシュな味わい

サーヴィス温度 8～10℃

特徴 丘陵地で造られる、リンゴを思わせるアロマが特徴のさわやかなスパークリングワイン。

【相性のよい料理】

イタリア料理
- ■軽いアンティパスト
- ■魚ベースの料理など
- ■アペリティーヴォとしても

日本料理
- ■食前酒
- ■寿司
- ■天ぷら

● Data ●	最低アルコール度	最低熟成期間	年間生産量（2016）
DOCG（2009～）	10.5%	なし	8,917万本
スペリオーレ	11%		

生産地域 ヴェネト州

主なワイナリー

カルペネ・マルヴォルティ（Carpene Malvolti）
ヴァル・ドーカ（Val d'Oca）／イル・コッレ（Il Colle）
コル・ヴェトラツ（Col Vetraz）
アンティーカ・クエルチャ（Antica Quercia）
アンドレオーラ（Andreola）／ビアンカヴィーニャ（Biancavigna）／ヴィッラ・サンディ（Villa Sandi）

15 プロセッコ DOC *Prosecco*

品種 グレーラ85%以上ほか

タイプ スパークリングワイン、弱発泡、白ワイン

色 淡い麦わら色から濃い麦わら色まで

香 品種特有のリンゴやナシ、柑橘系の香り

味 心地好くフレッシュな辛口から中甘口

サーヴィス温度 8～10℃

特徴 ヴェネト州の5つの県、およびフリウリ・ヴェネツィア・ジューリア州全域で造られる、フルーティで親しみやすいスパークリングワイン。微量だがフリッツァンテ（弱発泡）やスティルワインも造られている。

【相性のよい料理】

イタリア料理
- 食前酒からメイン料理まで食事を通して楽しめる

日本料理
- 食前酒
- 寿司
- 刺し身
- 天ぷら

Data

	最低アルコール度	最低熟成期間	年間生産量（2016）
DOC（2009～）	10.5%	なし	48,641 万本
スプマンテ	11%	なし	

生産地域 ヴェネト州

主なワイナリー

カルペネ・マルヴォルティ（Carpene Malvolti）
ヴァル・ドーカ（Val d'Oca）
イル・コッレ（Il Colle）
ボッテーガ（Bottega）

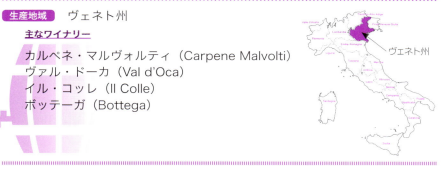

16 ソアーヴェ DOCG／DOC *Soave*

品 種	ガルガーネガ主体
タイプ	白ワイン（辛口、甘口）、スパークリングワイン
色	明るい麦わら色で時には緑色を帯びる
香	品種特有のリンゴやナシ、柑橘系の香り
味	わずかに苦みがありバランスのよい辛口
サーヴィス温度	8～10℃
特 徴	同様のブドウ品種で造られるソアーヴェ・スペリオーレ（アルコール度12％以上）、甘口のレチョート・ディ・ソアーヴェ（アルコール度12％以上）はDOCGに認められている。

【相性のよい料理】

イタリア料理
- ■軽いアンティパスト
- ■淡水魚、エビの料理
- ■バッカラ、ボッタルガ入りパスタ
- ■やわらかいチーズなど
- ■パンドーロ等の菓子類や青カビチーズなど（甘口）

日本料理
- ■天ぷら
- ■焼き魚
- ■寿司

● Data ●	最低アルコール度	最低熟成期間	年間生産量（2016）
DOCG（2001～）	12～12.5％	5～12ヵ月	6,742万本（ソアーヴェ・スペリオーレ・レチョート・ディ・ソアーヴェを含む）
DOC（1968～）	10.5％	0～3ヵ月	

生産地域 ヴェネト州

主なワイナリー

カンティーナ・デル・カステッロ（Cantina del Castello）／ベルターニ（Bertani）／ピエロパン（Pieropan）／マアジ（Masi）／コルテ・マイネンテ（Corte Mainente）／ジーニ（Gini）／コルテ・モスキーナ（Corte Moschina）／ダル・チェッロ（Dal Cerro）／コルテ・アダミ（Corte Adami）／ヴィッラ・マッティエッリ（Villa Mattielli）／ファットーリ（Fattori）／カンティーナ・ディ・ソアーヴェ（Cantina di Soave）／カンティーナ・ディ・モンテフォルテ（Cantina di Monteforte）

17 ヴァルポリチェッラ DOC *Valpolicella*

品種 コルヴィーナ・ヴェロネーゼ40～80%、ロンディネッラ5～30%ほか

タイプ 赤ワイン

色 ルビー色で熟成に従いガーネット色を帯びる

香 繊細で独特な香りはアーモンドを思わせる

味 ほろ苦くコクと風味があり滑らかな味わい

サーヴィス温度 16～18℃

特徴 ヴァルポリチェッラ・リパッソはアマローネを醸造した際に出るブドウの皮と種を1次発酵の済んだヴァルポリチェッラに入れ、2度目の発酵を行い、ワインにコクや味わいを与えた物。

【相性のよい料理】

イタリア料理
- リジ・エ・ビジ（グリーンピースと米の料理）
- カモ料理
- 半硬質チーズ
- 白身肉、熟成チーズなど（スペリオーレ）

日本料理
- 鶏唐揚げ
- 焼肉

● Data ●	最低アルコール度	最低熟成期間	年間生産量（2016）
DOC（1968～）	11%	12ヵ月	－
スペリオーレ	12%	12ヵ月	

生産地域 ヴェネト州

主なワイナリー

カンティーナ・ヴァルポリチェッラ・ネグラール（Cantina Valpolicella Negrar）
アッレグリーニ（Allegrini）
マアジ（Masi）
ゼナート（Zenato）

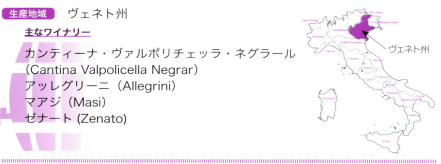

18 コッリョ DOC *Collio*

【ワインの種類】

白ワイン（辛口、甘口） フリウラーノ、リボッラ・ジャッラ、ピノ・ビアンコ、ピノ・グリージョ、ソーヴィニヨン、マルヴァジア、トラミネル・アロマティコ、リースリング・イタリコ、リースリング・レナーノ、シャルドネ、ミュッラー・トゥルガウ、ピコリット

赤ワイン カベルネ・ソーヴィニヨン、カベルネ・フラン、ピノ・ネロ、メルロー

【相性のよい料理】

イタリア料理

- ミネストラ・ディ・ヴェルドゥーラ（野菜入りパスタやリゾット）（白）
- 魚介類のスープ（白）
- 豚の煮込み料理（赤）
- 半硬質チーズなど（赤）

日本料理

- 寿司（白）
- 刺し身（白）
- 鉄板焼き（赤）

Data	最低アルコール度	最低熟成期間	年間生産量(2016)
DOC（1970～）	11～11.5%	0～30ヵ月	901万本
ピコリット	14%	0～20ヵ月	

生産地域 フリウリ・ヴェネツィア・ジューリア州

主なワイナリー

ルシッツ・スペリオーレ（Rusiz Superiore）
スキオペット（Schiopetto）
コッラヴィーニ（Collavini）
リヴォン（Livon）
マルコ・フェッルーガ（Marco Felluga）

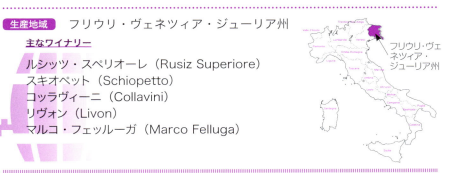

19 ロマーニャ DOCG/DOC *Romagna*

【ワインの種類】

白ワイン（辛口、甘口） アルバーナDOCG、アルバーナ・スプマンテ、パガデビット（スプマンテ、フリッツァンテも）、トレッビアーノ

赤ワイン サンジョヴェーゼ、カニーナ

パガデビットには1つ、サンジョヴェーゼには12のサブゾーンがある。

【相性のよい料理】

イタリア料理

- 軽いアンティパスト（辛口白）
- スープ入りパスタなど（辛口白）
- アナトラ・アッラ・ロマーニャ（ロマーニャ風カモの料理）（赤）
- この地のサラミ類（赤）
- 白身肉、半硬質チーズなど（赤）

日本料理

- 卵焼き（辛口白）
- 野菜のフライ（辛口白）
- 南蛮漬け（アルバーナ）
- 肉じゃが（赤）
- 栗きんとん（甘口）

● Data ●	最低アルコール度	最低熟成期間	年間生産量（2016）
アルバーナ DOCG（1987 ～）	12 ～ 12.5%	なし	DOCG、DOC 併せて 2,919 万本
DOC（2011 ～）	10.5 ～ 12.5%	なし	

生産地域 エミリア・ロマーニャ州

主なワイナリー

ゼルビーナ（Zerbina）
トレ・モンティ（Tre Monti）
ステファノ・ベルティ（Stefano Berti）
サン・パトリニャーノ（San Patrignano）
パラディーゾ（Paradiso）
テヌータ・カザーリ（Tenuta Casali）

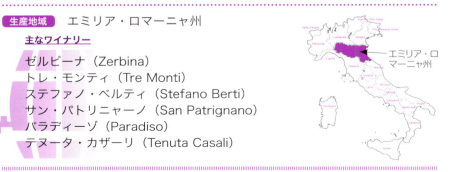

20 ランブルスコ DOC
Lambrusco

品種　ランブルスコ各種主体

タイプ　スパークリングワイン赤、ロゼ、弱発泡性赤、ロゼ（辛口～甘口）

色　明るいルビー色から明るいガーネット色

香　心地よいスミレの花の香り

味　新鮮でコクと風味がありバランスが取れている。辛口から甘口まである

サーヴィス温度　14～16℃

特徴　DOCとしては、ランブルスコ・ディ・ソルバーラ、ランブルスコ・グラスパロッサ・ディ・カステルヴェトロ、ランブルスコ・サラミーノ・ディ・サンタ・クローチェがある。

【相性のよい料理】

イタリア料理
- モルタデッラ（牛肉、豚肉をすりつぶし腸詰めにしてスモークしたハム）
- パルマの生ハム
- カッペッレッティ（詰め物パスタ）
- トルテッリーニなどのパスタ
- パルミジャーノ・レッジャーノなど

日本料理
- 鶏肉の照り焼き
- 茄子の田楽

Data	最低アルコール度	最低熟成期間	年間生産量(2016)
DOC（1970～）	10.5～11%	なし	3つのDOC合計で 5,334万本

生産地域　エミリア・ロマーニャ州

主なワイナリー

ウンベルト・カヴィッキオーリ（Umberto Cavicchioli）
ヴィットーリオ・グラツィアーノ（Vittorio Graziano）
バルボリーニ（Barbolini）
キアルリ（Chiarli）
フランコ・フェッラーリ（Franco Ferrari）

21 ブルネッロ・ディ・モンタルチーノ DOCG
Brunello di Montalcino

品種 サンジョヴェーゼ・グロッソ100%

タイプ 熟成赤ワイン

色 濃いルビー色で熟成に従いガーネット色を帯びる

香 濃密で個性的な香り

味 タンニンがありながら調和が取れ、しっかりとした味わい

サーヴィス温度 16～18℃

特徴 ブルネッロ・ディ・モンタルチーノはバローロやバルバレスコ同様、長期の熟成に耐えられ、やわらかくエレガントな味わい。

【相性のよい料理】

イタリア料理
- トルディ・アッロ・スピエード（つぐみの串焼）
- スペッツァティーノ（小口切りした肉の料理）
- 赤身肉、狩猟肉の料理
- パルメザンチーズなど熟成チーズ

日本料理
- 前沢牛フィレ肉の炭火焼き
- イノシシ鍋

● Data ●	最低アルコール度	最低熟成期間	年間生産量(2016)
DOCG（1985～）	12.5%	60ヵ月	1,091万本
リゼルヴァ	12.5%	72ヵ月	

生産地域 トスカーナ州

主なワイナリー

ビオンディ・サンティ（Biondi Santi）
バンフィ（Banfi ）
テヌータ・カパルツォ（Tenuta Caparzo）
ラ・フーガ（La Fuga）
アンティノリ（Antinori）
サン・フェリーチェ（San Felice）

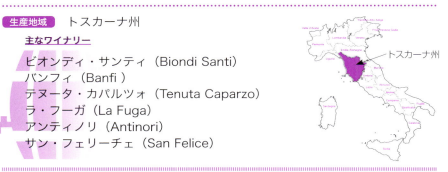

22 キアンティ DOCG *Chianti*

品種 サンジョヴェーゼ70%以上ほか（コッリ・セネージはサンジョヴェーゼ75%以上ほか）

タイプ 早飲みから熟成赤ワイン

色 生き生きとしたルビー色で熟成に従いガーネット色を帯びる

香 濃密で個性的なワイン香がある

味 なめらかで厚みがあり調和の取れた味わい

サーヴィス温度 16～18℃

特徴 キアンティには7つのサブゾーン（コッリ・フィオレンティーニ、ルフィーナ、モンタルバーノ、コッリーネ・ピサーネ、コッリ・セネージ、コッリ・アレティーニ、モンテスペルトリ）がある。

【相性のよい料理】

イタリア料理

■トリッパ・アッラ・フィオレンティーナ（フィレンツェ風牛胃袋の煮込み）
■ビステッカ・アッラ・フィオレンティーナ（フィレンツェ風Tボーンステーキ）
■サラミや肉類、硬質チーズなど

日本料理

■焼肉
■すき焼き
■和風ハンバーグステーキ

● *Data* ●	最低アルコール度	最低熟成期間	年間生産量（2016）
DOCG（1984～）	11.5～12.5%	0～9ヵ月	11,280万本
リゼルヴァ	12.5～13%	24ヵ月	

生産地域 トスカーナ州

主なワイナリー

フレスコバルディ（Frescobaldi）
バローネ・リカゾリ（Barone Ricasoli）
ルッフィーノ（Ruffino）
カステッロ・ディ・ガッビアーノ（Castello di Gabbiano）

23 キアンティ・クラッシコ DOCG
Chianti Classico

品種 サンジョヴェーゼ80%以上ほか

タイプ 早飲みから熟成赤ワイン

色 きれいなルビー色で熟成に従いガーネット色を帯びる

香 濃密で個性的なワイン香、スミレの香りを含む

味 風味に富み、なめらかで調和の取れた味わい

サーヴィス温度 16 ～ 18℃

特徴 このほか、グラン・セレツィオーネは最低アルコール度13%、最低熟成期間30ヵ月が必要。

【相性のよい料理】

イタリア料理
- 赤身肉のグリルやロースト
- サラミ類やブラザートなどの肉の煮込み料理
- 熟成されたものはジビエ料理

日本料理
- 牛肉の炭火焼き
- 牛肉のサイコロステーキ

● Data ●	最低アルコール度	最低熟成期間	年間生産量（2016）
DOCG（1984～）	12%	11ヵ月	3,923万本
リゼルヴァ	12.5%	24ヵ月	

生産地域 トスカーナ州

主なワイナリー

アンティノリ（Antinori）
サン・フェリーチェ（San Felice）
フォンテルートリ（Fonterutoli）
カステッロ・ディ・アマ（Castello di Ama）
カステッロ・ディ・メレート（Castello di Meleto）
ヴィーニャ・マッジョ（Vigna Maggio）

24 ヴィーノ・ノビレ・ディ・モンテプルチャーノ DOCG

Vino Nobile di Montepulciano

品種 プルニョロ・ジェンティーレ（サンジョヴェーゼ・グロッソ）70%以上ほか

タイプ 早飲みから熟成赤ワイン

色 濃いめのガーネット色で熟成に従いオレンジ色を帯びる

香 繊細で上品なスミレの香り

味 軽くタンニンを感ずる辛口

サーヴィス温度 16～18℃

特徴 モンテプルチャーノでのワイン造りの歴史は古く、9世紀にすでにこの地域でワインが造られていたという記録が残っている。

【相性のよい料理】

イタリア料理

■アリスタ（豚の背肉をニンニクとローズマリーで味付けしてオーブンで焼いた料理）
■赤身肉のグリル
■野鳥の料理・熟成チーズ

日本料理

■鴨のくわ焼
■ジンギスカン鍋

● Data ●	最低アルコール度	最低熟成期間	年間生産量(2016)
DOCG（1980～）	12.5%	24ヵ月	713万本
リゼルヴァ	13%	36ヵ月	

生産地域 トスカーナ州

主なワイナリー

ポデーリ・ボスカレッリ（Poderi Boscarelli）
ファットリア・デル・チェッロ（Fattoria del Cerro）
ファッサーティ（Fassati）
カンネート（Canneto）
ポリツィアーノ（Poliziano）
デイ（Dei）

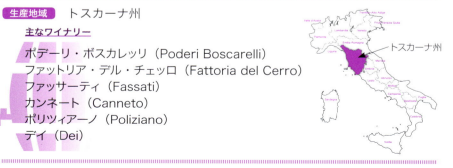

25 ボルゲリ・サッシカイア DOC

Borgheri Sassicaia

品種　カベルネ・ソーヴィニョン80％以上ほか

タイプ　熟成赤ワイン

色　濃くややガーネットがかったルビー色

香　ブドウ香を含む豊かな香り

味　アロマがありエレガントな味わい

サーヴィス温度　16～18℃

特徴　1944年、ボルドーのシャトー・ラフィット・ロスチャイルドから贈られた、カベルネ・ソーヴィニヨンの苗木に始まる。イタリア唯一の単独ワイナリーのDOC。

【相性のよい料理】

イタリア料理
- 赤身肉のロースト
- ジビエ料理
- 熟成硬質チーズなど

日本料理
- フィレ肉の鉄板焼きグリーンペッパーソース
- 牛肉の炭火焼き

Data	最低アルコール度	最低熟成期間	年間生産量（2016）
DOC（1994～）	12%	24ヵ月	52万本

生産地域　トスカーナ州

主なワイナリー

テヌータ・サン・グイド（Tenuta San Guido）

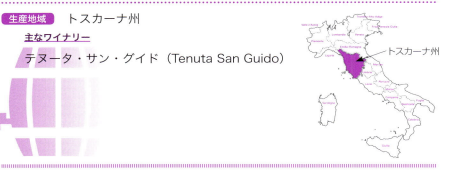

26 ヴェルディッキオ DOCG/DOC

Verdicchio

品種 ヴェルディッキオ主体

タイプ 白ワイン、スパークリングワイン、甘口白ワイン

色 輝きのある麦わら色

香 繊細で個性的で、フルーツの果実を思わせる味わい

味 心地よいアロマがあり、後口にわずかに苦みを残す辛口

サーヴィス温度 8～10℃

特徴 ヴェルディッキオ・デイ・カステッリ・ディ・イエージにはスプマンテと甘口、ヴェルディッキオ・ディ・マテリカには甘口もある。リゼルヴァはDOCG。

【相性のよい料理】

イタリア料理

- ■海の幸のアンティパスト
- ■魚介のリゾットやグリル
- ■白身肉のソテー
- ■ブロデット（サフラン、白ワイン入り魚介のスープ）など

日本料理

- ■天ぷら
- ■チラシ寿司
- ■アジの南蛮漬け

Data	最低アルコール度	最低熟成期間	年間生産量(2016)
DOCG（2010～）	12.5%	18ヵ月	DOC、DOCG 合計 2,818 万本
DOC（1967～）	11.5～12%	－	

生産地域 マルケ州

主なワイナリー

ウマニ・ロンキ（Umani Ronchi）
ブッチ（Bucci）
マロッティ・カンピ（Marotti Campi）
ベリサーリオ（Belisario）
ラ・モナチェスカ（La Monacesca）

27 コーネロ DOCG／DOC
Conero／ロッソ・コーネロ *Rosso Conero*

品種 モンテプルチャーノ85％以上、サンジョヴェーゼ15％以下

タイプ 早飲みから熟成赤ワイン

色 ガーネット色を帯びたルビー色

香 熟成果実の香り、スパイス香がある

味 バランスがよく、しっかりとした味わい

サーヴィス温度 16～18℃

特徴 古くからこの地で造られている赤ワイン。やわらかい飲み口でボディーもある、心地好い赤ワイン。

【相性のよい料理】

イタリア料理
- 肉類を使用したパスタ料理
- 内臓を使ったラザーニャ
- ウサギ、子豚などのスパイシーな料理など

日本料理
- 豚肉の生姜焼き
- 鶏肉の竜田揚げ
- 照り焼き

Data	最低アルコール度	最低熟成期間	年間生産量(2016)
DOCG（2010～）	12.5%	24ヵ月	124万本
DOC（1967年～）	11.5%	－	178万本

生産地域 マルケ州

主なワイナリー

ウマニ・ロンキ（Umani Ronchi）
ガロフォリ（Garofoli）
レ・テッラッツェ（Le Terrazze）
ラナーリ（Lanari）
ファツィ・バッターリア（Fazi Battaglia）

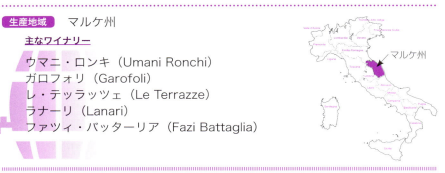

28
モンテファルコ・サグランティーノ DOCG
Montefalco Sagrantino

品種 サグランティーノ100%

タイプ 熟成赤ワイン

色 ガーネット色を帯びたルビー色

香 個性的な木イチゴの香り

味 コクがあり調和の取れた辛口。パッシートは甘口

サーヴィス温度 16～18℃、パッシートは12～14℃

特徴 ポリフェノールの多いしっかりとした赤ワイン。長期熟成に耐える。

【相性のよい料理】

イタリア料理

- ■肉入りのソースを使ったパスタ類
- ■野鳥肉のロースト
- ■サラミ類
- ■熟成チーズ
- ■トルコロ（ウンブリア地方の大きなドーナツ形のパンケーキ）などのデザート（甘口）

日本料理

- ■すき焼き
- ■和牛のサーロインステーキ
- ■鰻かば焼き

● *Data* ●	最低アルコール度	最低熟成期間	年間生産量(2016)
DOCG (1992～)	13～13.5%	33ヵ月	244万本

生産地域 ウンブリア州

主なワイナリー

アルナルド・カプライ（Arnaldo Caprai）
ルンガロッティ（Lungarotti）
コルペトローネ（Colpetrone）
アントネッリ（Antonelli）
ロッカ・ディ・ファッブリ（Rocca di Fabbri）

29 モンテプルチャーノ・ダブルッツォ DOCG／DOC

Montepulciano d'Abruzzo

品種 モンテプルチャーノ85%以上ほか

タイプ 赤ワイン

色 スミレ色がかったルビー色で、熟成に従いオレンジ色を帯びる

香 心地良いワイン香

味 ソフトで風味がありわずかにタンニンを感ずる赤ワイン

サーヴィス温度 16～18℃

特徴 高品質なDOCGからハウスワインとして親しまれるものまである、食事に合わせやすい赤ワイン。コッリーネ・テラマーネはDOCG。

【相性のよい料理】

イタリア料理
- 肉入りソースのパスタ
- 赤身肉、野鳥の料理
- 熟成ペコリーノチーズ
- カチョカヴァッロチーズなど

日本料理
- バーベキュー
- 鶏唐揚げ
- 牛丼

Data	最低アルコール度	最低熟成期間	年間生産量（2016）
DOCG コッリーネ・テラマーネ	12.5%	12ヵ月	DOC、DOCG 併せて11,726 万本
DOC（1968～）	12%	4ヵ月	

生産地域 アブルッツォ州

主なワイナリー

ヴァレンティーニ（Valentini）
マシャレッリ（Masciarelli）
ピエトラモーラ（Pietramora）
フェウドゥッチョ（Feuduccio）
タラモンティ（Talamonti）

30 オルヴィエート DOC *Orvieto*

品種 グレケット、プロカニコ（トレッビアーノ・トスカーノ）60%以上ほか

タイプ 白ワイン（辛口〜甘口）

色 濃い麦わら色

香 上品で心地好い花の香り

味 まろやかな辛口でわずかな苦みを感ずる。辛口から甘口まで

サーヴィス温度 8〜10℃

特徴 貴腐菌の付いたムッファ・ノビレやヴェンデミア・タルディーヴァの甘口もある。

【相性のよい料理】

イタリア料理

- 甲殻類、海産物のフライ・アンティパスト
- 魚料理全般
- 軟質チーズ
- レバーのパテやゴルゴンゾーラなどの青カビチーズ（甘口）

日本料理

- 寿司
- 天ぷら
- 野菜コロッケ

Data

	最低アルコール度	最低熟成期間	年間生産量（2016）
DOC（1971〜）	11.5%	-	1,505万本
スペリオーレ	12%	4ヵ月	

生産地域 ウンブリア州、ラツィオ州

主なワイナリー

ビジ（Bigi）
テヌータ・レ・ヴェレッテ（Tenuta Le Velette）
パラッツォーネ（Palazzone）
カステッロ・デッラ・サラ（Castello della Sala）

31 フラスカティ DOCG／DOC

Frascati

品種 マルヴァジア・ビアンカ・ディ・カンディア、マルヴァジア・デル・ラツィオ主体

タイプ 白ワイン（辛口〜甘口）

色 輝くような麦わら色で、しっかりした色合い

香 上品で、心地好い果実香がある

味 なめらかで、旨みを含む辛口〜甘口

サーヴィス温度 8〜10℃

特徴 古くから造られているワインで、生産量においても知名度においても、この地方で断然トップのワイン。カンネッリーノとスペリオーレはDOCG。

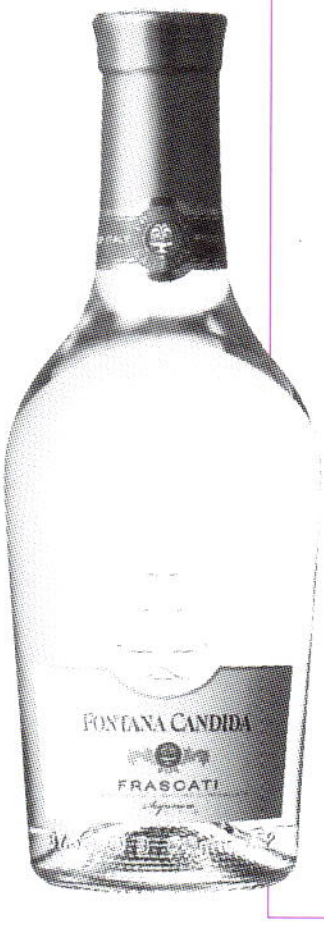

【相性のよい料理】

イタリア料理

- ■甲殻類のグリル
- ■魚介類のスープ
- ■ローマの名物料理サルティンボッカ（仔牛肉の薄切り、生ハム、チーズの料理）
- ■リコッタ・チーズを使ったタルトやマリトッツォ（レーズン入りの小さな菓子パン）など（甘口）

日本料理

- ■餃子
- ■鶏手羽先焼き
- ■天ぷら

● Data ●	最低アルコール度	最低熟成期間	年間生産量（2016）
DOCG（2011〜）	12〜13%	0〜12ヵ月	DOC、DOCG併せて 1,056万本
DOC（1966〜）	11〜11.5%	-	

生産地域 ラツィオ州

主なワイナリー

カンティーナ・チェルクエッタ（Cantina Cerguetta）
フォンタナ・カンディダ（Fontana Candida）
バニョーリ（Bagnoli）
ヴィッラ・シモーネ（Villa Simone）
コスタンティーニ・ピエロ（Costantini Piero）

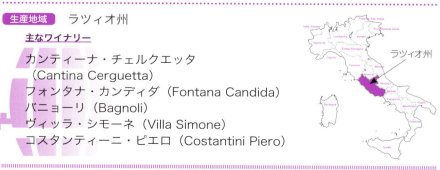

32 エスト!エスト!!エスト!!!・ディ・モンテフィアスコーネ DOC

Est! Est!! Est!!! di Montefiascone

品種 トレッビアーノ・トスカーノ（プロカニコ）50～60%、トレッビアーノ・ジャッロ（ロッセット）25～40%ほか

タイプ 白ワイン（辛口～中甘口）、スパークリングワイン

色 黄金色を帯びた明るい麦わら色

香 濃密なワイン香

味 風味とコクのある調和の取れた辛口、薄甘口と中甘口はまろやかな味わい

サーヴィス温度 8～10℃

特徴 フラスカティ同様、古くから造られる食事に合わせやすい白ワイン。

【相性のよい料理】

イタリア料理
- ■淡水魚や軽いアンティパスト（辛口）
- ■卵料理や、きのこのロースト（辛口）
- ■リコッタチーズのタルトなどのテザート（薄甘口）

日本料理
- ■アジのたたき
- ■ポテトサラダ
- ■芋の炊き合わせ

Data	最低アルコール度	最低熟成期間	年間生産量(2016)
DOC（1989～）	10.5～11.5%	なし	353万本

生産地域 ラツィオ州

主なワイナリー

イタロ・マッツィオッティ（Italo Mazziotti）
ファレスコ（Falesco）
トラッポリーニ（Trappolini）

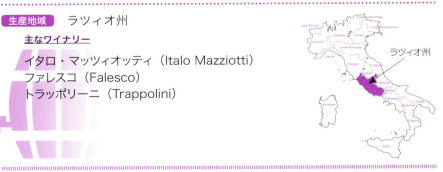

33 タウラージ DOCG *Taurasi*

品種　アリアニコ100%

タイプ　熟成赤ワイン

色　濃いルビー色で熟成に従い、ガーネット色を帯びる

香　独特で濃密な心地好い香り

味　力強くコクがあり、アロマのきいた味わい

サーヴィス温度　16～18℃

特徴　南イタリアで最初にDOCGに認められた、バローロやバルバレスコにも匹敵する長熟ワイン。

【相性のよい料理】

イタリア料理

- 白身肉、赤身肉など肉類のロースト
- 野鳥の肉や硬質チーズなど（熟成したもの）
- ビステッカ・アッラ・ピッツァイオーラ（トマト、ニンニクで味付けした牛肉のソテー）

日本料理

- 和牛のステーキ
- 赤味噌鍋
- イノシシ鍋

Data	最低アルコール度	最低熟成期間	年間生産量(2016)
DOCG（1993～）	12%	36ヵ月	216万本
リゼルヴァ	12.5%	48ヵ月	

生産地域　カンパーニア州

主なワイナリー

フェウディ・ディ・サン・グレゴリオ（Feudi di San Gregorio）
マストロベラルディーノ（Mastroberardino）
テッレドーラ（Terredora）
ストゥルッツィエーロ（Struzziero）

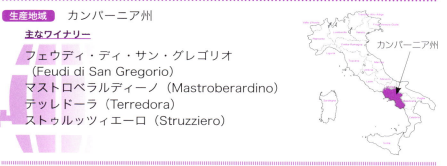

34 フィアーノ・ディ・アヴェッリーノ DOCG

Fiano di Avellino

品種 フィアーノ85％以上、グレコ、コーダ・ディ・ヴォルペ、トレッビアーノ・トスカーノ15％以下

タイプ 白ワイン

色 しっかりした麦わら色

香 花の香りを含み、エレガントで余韻が長い

味 繊細でありながらアロマを含み、しっかりとした味わいの辛口

サーヴィス温度 8～10℃

特徴 風味のしっかりとした魚介の料理にも合う、長期熟成にも耐える白ワイン。

【相性のよい料理】

イタリア料理

- 貝類の蒸し焼
- イワシ入りのパスタ料理
- 野菜のスフレ
- 軟質チーズなど

日本料理

- アンコウ鍋
- 牛タン（塩）
- 鳥もつ煮込み

Data	最低アルコール度	最低熟成期間	年間生産量(2016)
DOCG（2003～）	11.5%	–	222 万本

生産地域 カンパーニア州

主なワイナリー

フェウディ・ディ・サン・グレゴリオ
（Feudi di San Gregorio）
マストロベラルディーノ（Mastroberardino）
テッレドーラ（Terredora）
ストゥルッツィエーロ（Struzziero）

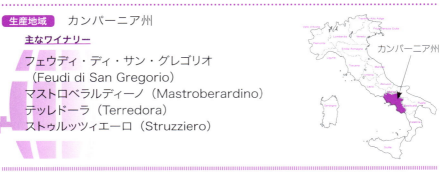

35 グレコ・ディ・トゥーフォ DOCG

Greco di Tufo

品種 グレコ・ビアンコ85%以上、コーダ・ディ・ヴォルペ15%以下

タイプ 白ワイン、スパークリングワイン

色 麦わら色から黄金色がかった黄色まで

香 花や果実の香りを含む個性的な香り

味 果実のアロマを含み、しっかりした味わいで調和の取れた辛口

サーヴィス温度 8～10℃

特徴 グレコとはイタリア語でギリシャを意味するように、ギリシャ伝来の白ブドウを用いたワイン。

【相性のよい料理】

イタリア料理

- ■伊勢エビのグリル
- ■ムール貝の蒸し焼き
- ■貝類のグリル
- ■アックア・パッツァ（魚を海水と水、トマト、バジリコなどと簡単に調理した料理）
- ■若いチーズなど

日本料理

- ■銀ダラ粕漬け
- ■天ぷら
- ■アユの塩焼き

● Data ●	最低アルコール度	最低熟成期間	年間生産量(2016)
DOCG（2003～）	11.5%	-	412万本
スプマンテ	12%	36ヵ月	

生産地域 カンパーニア州

主なワイナリー

マストロベラルディーノ（Mastroberardino）
フェウディ・ディ・サン・グレゴリオ（Feudi di San Gregorio）
テッレドーラ（Terredora）
カプート（Caputo）

36 カステル・デル・モンテ DOCG／DOC

Castel del Monte

品種 ロッソ、ロザートはウーヴァ・ディ・トロイア、アリアニコ、ボンビーノ・ネロ、モンテプルチャーノ主体、ビアンコはパンパヌート、シャルドネ、トレッビアーノ・トスカーノ、グレコ主体

タイプ 赤ワイン、ロゼワイン、白ワイン、スパークリングワイン

サーヴィス温度 白8～10℃、ロゼ12～14℃、赤16～18℃、スパークリングワイン8℃

特徴 DOCにはロッソ、ビアンコ、ロザートがあり、DOCGにはボンビーノ・ネロ、ネーロ・ディ・トロイア、ロッソ・リゼルヴァがある

【相性のよい料理】

イタリア料理
- ラザーニャなどの肉やラグーを使ったパスタ料理（赤）
- 肉類のグリル（赤）
- 魚介類のフライやグリル（ロゼ）
- 魚介類の料理（白）

日本料理
- 焼き魚（白）
- 鉄火丼（ロゼ）
- 焼肉（赤）

● Data ●	最低アルコール度	最低熟成期間	年間生産量(2016)
DOCG (2011 ～)	12～13%	0～24ヵ月	DOC、DOCG 併せて 668 万本
DOC (1971 ～)	10.5～11.5%	-	

生産地域 プーリア州

主なワイナリー

ヴィニェーティ・デル・スッド（Vigneti del Sud）
リヴェーラ（Rivera）
トルマレスカ（Tormaresca）
サンタ・ルチーア（S. Lucia）
トッレヴェント (Torrevento)

37 サリチェ・サレンティーノ DOC
Salice Salentino

品種 ネグロアマーロ75%以上ほか

タイプ 赤ワイン、ロゼワイン、スパークリングワイン（ロゼ）

色 濃いルビー色で熟成に従いオレンジ色を帯びる

香 独特のブドウ香、エーテル香をもつ

味 アルコールとコクが十分で滑らかな辛口と薄甘口

サーヴィス温度 赤16～18℃、ロゼ12～14℃

特徴 ロゼは薄いサクラ色で熟成に従いバラ色を帯び、個性的なワイン香を持つ、滑らかで暖かい感じの辛口と薄甘口。

【相性のよい料理】

イタリア料理
- ■アンティパスト
- ■肉入りソースのパスタ
- ■硬質チーズ
- ■赤身肉のロースト（リゼルヴァ）
- ■肉入りソースのパスタ料理（ロゼ）
- ■白身肉の料理・半硬質チーズ

日本料理
- ■牛肉のしぐれ煮
- ■豚肉の生姜焼き

● Data ●	最低アルコール度	最低熟成期間	年間生産量（2016）
DOC（1976～）	11.5～12%	-	1,556 万本
リゼルヴァ	12.5%	24ヵ月	

生産地域 プーリア州

主なワイナリー

レオーネ・デ・カストリス（Leone de Castris）
タウリーノ（Taurino）
カンテレ（Cantele）
ドゥエ・パルメ（Due Palme）

38 アリアニコ・デル・ヴルトゥレ DOCG/DOC

Aglianico del Vulture

品種 アリアニコ100%

タイプ 早飲み〜熟成赤ワイン

色 しっかりとした濃いルビー色

香 スパイスを含む独特の香り

味 しっかりとしたアロマとタンニンを含む力強い赤

サーヴィス温度 16〜18℃、スプマンテは8℃

特徴 バジリカータ州で唯一知られるタウラージの弟分とも言われる赤ワイン。スペリオーレはDOCG。

【相性のよい料理】

イタリア料理

- フェガテッリ・アッロ・スピエード（仔牛のレバーの串焼き）
- 肉類のソースを使ったパスタ料理
- 肉類の網焼きなどの料理
- 野鳥や野ウサギなどのロースト料理（熟成ワイン）
- 煮込み料理（熟成ワイン）

日本料理

- 牛肉のサイコロステーキ
- 赤味噌鴨鍋
- 牛肉の炭火焼き

Data	最低アルコール度	最低熟成期間	年間生産量(2016)
DOCG（2010〜）	13.5%	36〜60ヵ月	DOC、DOCG併せて387万本
DOC（1971〜）	12.5%	10ヵ月	

生産地域 バジリカータ州

主なワイナリー

カンティーナ・ヴェノーザ（Cantina Venosa）
カンティーネ・デル・ノタイオ（Cantine del Notaio）
パテルノステル（Paternoster）
C. S. ヴルトゥレ（C.S.Vulture）
レ・クエルチェ（Le Querce）

39 チェラスオーロ・ディ・ヴィットーリア DOCG

Cerasuolo di Vittoria

品種 ネーロ・ダヴォラ50～70%、フラッパート30～50%

タイプ 赤ワイン

色 ルビー色がかった桜色

香 繊細なワインらしい香りを含む

味 ボディがしっかりしていてアルコールを感じさせる辛口。後口にわずかに苦味を感ずる

サーヴィス温度 16～18℃

特徴 赤ワインにしては淡い色合いが特徴。シチリア州唯一のDOCGワイン。

【相性のよい料理】

イタリア料理
- ■白身肉のローストなど
- ■赤身肉のローストなどの料理（熟成ワイン）

日本料理
- ■すき焼き
- ■鰻のかば焼き
- ■牛肉の和風ステーキ

Data	最低アルコール度	最低熟成期間	年間生産量（2016）
DOCG（2005～）	13%	7ヵ月	943万本
クラッシコ	13%	17ヵ月	

生産地域 シチリア州

主なワイナリー

マッジョヴィーニ（Maggiovini）
ブッチェッラート（Buccellato）
アヴィデ（Avide）
プラネタ（Planeta）
コス（Cos）

40 マルサラ DOC

Marsala

品種 オーロとアンブラはカタッラット、グリッロ、インツォリア主体、ルビーノはペッリコーネ、カラブレーゼ、ネレッロ・マスカレーゼ主体。

タイプ 酒精強化ワイン

色 黄金色のオーロ、琥珀色のアンブラ、ルビー色のルビーノがある

香 エニシダやアーモンドの香りもある

味 辛口のセッコ、中辛口のセミ・セッコ、甘口のドルチェがある

サーヴィス温度 食前酒10～12℃、デザート用12～14℃、食後酒14～16℃

特徴 アルコール度12%以上のベースワインを造り、ブランデー等を加え、アルコールを強化して造られる。

【相性のよい料理】

イタリア料理

■食前酒、調理用、甘味類、食後酒。
■リコッタチーズを使ったシチリア名物のカッサータやカンノーリ（甘口、中甘口）

日本料理

■食前酒（辛口）
■きんしうり（辛口）
■食後酒（甘口）
■どら焼き（甘口）

● Data ●	最低アルコール度	最低熟成期間	年間生産量(2016)
DOC（1969～）	17.5～18%	12～120ヵ月	1,532万本

生産地域 シチリア州

主なワイナリー

フローリオ（Florio）
ラッロ（Rallo）
ペッレグリーノ（Pellegrino）
デ・バルトリ（De Bartoli）

41 ヴェルメンティーノ・ディ・ガッルーラ DOCG

Vermentino di Gallura

品種 ヴェルメンティーノ95%以上

タイプ 白ワイン、スパークリングワイン

色 薄い麦わら色から麦わら色まで

香 独特の心地よいデリケートな香り

味 辛口でやわらかく、アルコールがしっかりとしていて後口にわずかに苦みを含む

サーヴィス温度 8～10℃

特徴 サルデーニャ島北部で造られるサルデーニャ州唯一のDOCGワイン。コクがありデリケートな白ワイン。

【相性のよい料理】

イタリア料理

- 甲殻類や魚のグリル
- 魚介類の煮込み料理
- アラゴスタ・アッラ・カタラーナ（カタロニア風伊勢エビのサラダ）
- フリッティ・ディ・マーレ（海産物のフライ）

日本料理

- 焼き魚
- 鯛めし
- 天ぷら

● Data ●	最低アルコール度	最低熟成期間	年間生産量(2016)
DOCG（1996～）	12%	2.5ヵ月	601万本
スプマンテ	10.5%	1ヵ月	

生産地域 サルデーニャ州

主なワイナリー

カピケーラ（Capichera）
ペドラ・マヨーレ（Pedra Majore）
デッペル・アンドレア（Depperu Andrea）
ピエロ・マンチーニ（Piero Mancini）
カンティーナ・ガッルーラ（Cantina Gallura）

42

カンノナウ・ディ・サルデーニャ DOC

Cannonau di Sardegna

品種 カンノナウ85%以上

タイプ 赤ワイン（辛口、甘口）、ロゼワイン、酒精強化ワイン（辛口、甘口）

色 やや濃い目のルビー色。熟成と共にガーネットを帯びる

香 特徴的な心地好い香り

味 旨みのある個性的な味わい

サーヴィス温度 16～18℃、甘口は12～14℃

特徴 アルコール度13.5%以上のクラッシコ、アルコール度18%以上の酒精強化ワイン（リクオローゾ）、ロザートもある。

【相性のよい料理】

イタリア料理

- ■イノシシ肉のロースト（熟成ワイン）
- ■サラミ類（熟成ワイン）
- ■白身肉、赤身肉のロースト料理（熟成ワイン）
- ■ペコリーノ・サルドチーズ（甘口）
- ■ビスケット（甘口）

日本料理

- ■鶏肉の照り焼き
- ■焼肉

● *Data* ●	最低アルコール度	最低熟成期間	年間生産量（2016）
DOC（1972～）	12.5%	-	1,334 万本
リゼルヴァ	13%	24ヵ月	

生産地域 サルデーニャ州

主なワイナリー

アルジョラス（Argiolas）
メローニ・ヴィーニ（Meloni Vini）
セッラ・モスカ（Sella & Mosca）
トレクセンタ（Trexenta）
ガッバス（Gabbas）

5 イタリアワインの分類と特徴

CLASSIFICAZIONE E CARATTERISTICHE DEL VINO ITALIANO

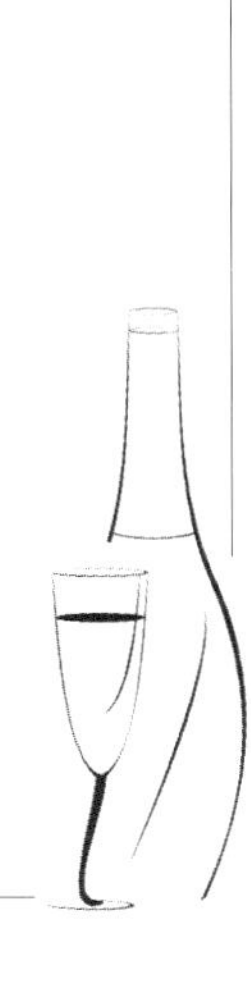

イタリアワインの分類と各地のワインの特徴

よくイタリアワインはわかりにくいといわれる。それは、イタリアでは古代ローマ帝国以前からの長い歴史のなかで培われてきたためで、イタリアに存在するブドウの品種は数多く、ギリシャから伝わった品種、ローマ以前のエトルリア時代からあった品種、隣国から伝わった品種などヴァラエティーに富んでいる。

また、ワインの製法も長い伝統の上に築かれたものである。しかも南北に細長いイタリアでは、地方によって気候風土も大きく異なる。たとえ同じブドウを使っても、北と南の気候によって、あるいは土壌によって、その成長には大きな違いが生じる。こうしたブドウの生育の違いから、そのブドウに適した独特の醸造技術が生まれてくる。気候風土や製造技術の違いが、地方特有の味と香りのワインを生み出してくる。それが長い年月にわたって積み重なり、現在の多種多様なイタリアワインとなっていったのである。言ってみれば、イタリアワインのわかりにくさとは、こうした伝統に裏打ちされた多様性に由来するものだといえよう。

事実、法的な規制を伴って製造されるDOC（Denominazione di Origine Controllata ＝統制原産地呼称）ワイン、DOCG（Denominazione di Origine Controllata e Garantita ＝統制保証原産地呼称）ワインだけでも四〇〇以上に及んでいる。

しかも、その名前の由来が地域名にあったり、ブドウ名にあったり、果ては歴史や物語からとったものであったりと、バラエティーに溢れており、これがイタリアワインのわかりにくさに拍車をかけている。

また、ワイン自体の分類も、品種、造り方、糖度、アルコール度数、熟成期間などの組み合わせによっては八〇〇〇種にも達する。

それではイタリアワインを分類して見てみよう。

一般ワインと特殊ワイン

　イタリアのワイン法では、まずワインの醸造方法でワインを分類している。ワインの造り方がノーマルな製法で造られたものであるか特殊なものであるかによって、〝ヴィーノ・ノルマーレ Vino Normale〟と〝ヴィーノ・スペチャーレ Vino Speciale〟に分けられる。前者は一般にスティルワインといわれるブドウを摘み取り搾って発酵させたワイン、後者は前者の醸造に特殊な技術を加えて造るワインで、発泡性ワインのスプマンテや、アルコールやモストを加えた〝マルサラ〟などの酒精強化ワインである。

　イタリアでは、規定ワインであるDOCGやDOCワインを見ると、この両者が入り混じっている。さらに各DOCワインは、セッコ＝辛口、アマービレ＝中甘口、ドルチェ＝甘口などに分かれており、DOCワイン一つとってもその味を限定することはできないのである。

　また、それらのワインには地域名、ブドウの品種名、歴史上のストーリーに由来する名などが冠せられ、ワイン分類をより困難なものにしている。

　そこで、アルコール度数、熟成期間、醸造方法、糖度などの違いによって分類されるいくつかの規定について簡単に説明することにしよう。

地域・アルコール度数・熟成期間による分類

クラッシコ *CLASSICO*

　古くからそのワインを生産していた特定の地域をいう。キアンティ、ヴァルポリチェッラ、バルドリーノ、ソアーヴェ、ヴェルディッキオなどがある。

リゼルヴァ *RISERVA*

　その地域で、規定のアルコール度数、熟成期間を超えたワインをいう。

スペリオーレ *SUPERIORE*

　規定のアルコール度数を超えたワイン。ワインによっては熟成期間を規定したものもあり、リゼルヴァと重なる部分もある。

造り方による分類

スプマンテ *SPUMANTE*

　イタリアの発泡性ワイン。摂氏二〇度で三気圧以上はスプマンテと呼べる。

ヴィーノ・フリッツァンテ
VINO FRIZZANTE

摂氏二〇度で一～二・五気圧の弱発泡性ワイン。既存アルコール七度、総アルコール九度以上に規定されている。

リクオローゾ
LIQUOROSO

モスカート種、マルヴァジア種、アレアティコ種などアロマティックなブドウの品種にアルコールかブドウの蒸留液、凝縮したモストなどを加えて造る。普通は一七・五度程度のアルコール度数だが、一五～二二度に規定されている。

パッシート
PASSITO

収穫したブドウを陰干しにして糖度を高めてから醸造するワイン。一般的には甘口ワイン。

レチョート
RECIOTO

パッシートと同様に、収穫したブドウを陰干しにして造るワイン。レチョートとはブドウの房の肩の甘い部分、あるいは耳たぶの固さに陰干しするなどの意味から名づけられたといわれる。ソアーヴェ、ヴァルポリチェッラ、ガンベッラーラなどで造られる。

キアレット
CHIARETTO

チェラスオーロ CERASUOLO とも呼ばれる。赤ワインと同様の醸造工程で、発酵の途中で果皮を取り除いて造られるロゼワイン。北イタリア、ガルダ湖周辺のワインがよく知られている。

アロマティッザート
AROMATIZZATO

混成ワイン。ワインにアルコール、砂糖やハーブ類を加えたもの。アルコール度数は二一度以下。ラベルにヴィーノ・アロマティッザート VINO AROMATIZZATO、ヴェルムト VERMUT、アペリティーヴォ・ア・バーゼ・ディ・ヴィーノ APERITIVO A BASE DI VINO、ヴィーノ・キナート VINO CHINATO のいずれかの表示をしなければならない。

ヴィン・サント
VIN SANTO

ヴィーノ・サント VINO SANTO とも呼ばれる。ブドウを収穫した後、わらの上もしくは吊して数ヵ月乾燥させ、干しブドウになって糖度が高まったところで果汁を搾って発酵させ、密閉した樽で熟成させたワイン。トスカーナ州を中心とする中部イタリアで多く造られるが、トレンティーノ地方でも造られる。トスカーナ州ではトレッビアーノ種が主体だが、トレンティーノではノジオーラ種を使用する。

ノヴェッロ *NOVELLO*

イタリアにおけるヌーヴォーワイン（新酒）。ヴィーノ・ジョーヴァネ VINO GIOVANE、ヴィーノ・ヌオーヴォ VINO NUOVO などとも呼ばれる。フランスより一八日ほど早い一〇月三〇日に解禁となる。DOCに規定されているものもあるが、そのほとんどはテーブルワイン。造り方には炭酸ガス浸漬法と低温発酵法がある。

糖度による分類

セッコ *SECCO*

辛口。残糖分が〇～四グラム／リットル。

アッボッカート *ABBOCCATO*

薄甘口。残糖分が四～一二グラム／リットル。

アマービレ *AMABILE*

中甘口。残糖分が一二～四五グラム／リットル。

ドルチェ *DOLCE*

甘口。残糖分が四五グラム／リットル以上。

DOCGとDOCワイン

イタリアワインが法的に整備されたのは一九六三年以降のことで、DOCの上にDOCGが設けられた。DOCGワインはDOCに定められた条件を満たし、さらに国の検査官によるチェックを受けたうえで認定され、DOCGの印紙がボトルに貼りつけられる。この印紙も、合格した量の枚数しか発行されない。二〇一七年一〇月末現在七四の銘柄が指定されている。

一方、DOCは三三三銘柄。イタリア全州に存在するが、生産量が最も多いのはヴェネト州、次いでピエモンテ州、トスカーナ州と続く。

イタリアワインの分類

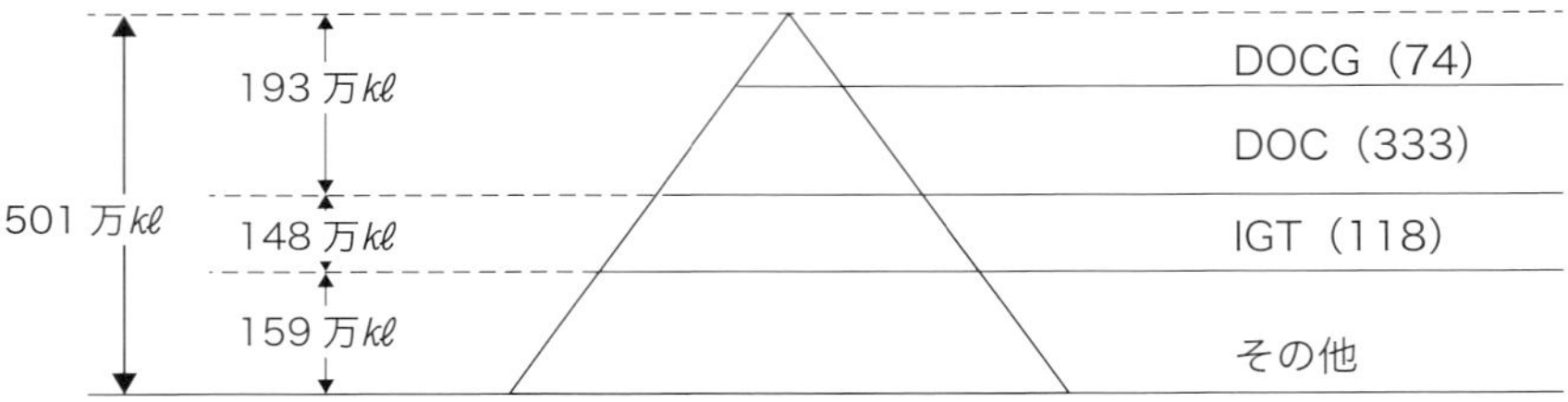

※ 2016 年推定（出典 ISTAT）

2016 年 DOCG、DOC 州別生産量（推定）

		白	赤	合計 (kℓ)	%
1	ヴァッレ・ダオスタ	500	800	1,300	0.07%
2	ピエモンテ	104,000	108,000	212,000	10.98%
3	ロンバルディア	26,200	54,200	80,400	4.16%
4	ヴェネト	480,200	93,000	573,200	29.68%
5	トレンティーノ・アルト・アディジェ	71,600	30,000	101,600	5.26%
6	フリウリ・ヴェネツィア・ジューリア	53,500	11,000	64,500	3.34%
7	リグーリア	2,800	800	3,600	0.19%
8	エミリア・ロマーニャ	53,400	114,000	167,400	8.67%
9	トスカーナ	16,300	156,100	172,400	8.93%
10	マルケ	23,400	11,500	34,900	1.81%
11	ラツィオ	61,500	15,800	77,300	4.00%
12	ウンブリア	19,200	17,900	37,100	1.92%
13	アブルッツォ	25,800	77,800	103,600	5.36%
14	モリーゼ	400	1,600	2,000	0.10%
15	カンパーニア	15,000	8,800	23,800	1.23%
16	プーリア	25,600	54,000	79,600	4.12%
17	バジリカータ	0	3,100	3,100	0.16%
18	カラブリア	1,300	3,800	5,100	0.26%
19	シチリア	71,800	61,600	133,400	6.91%
20	サルデーニャ	29,900	24,900	54,800	2.84%
				1,931,100	100.00%

イタリア各地のワインの特徴

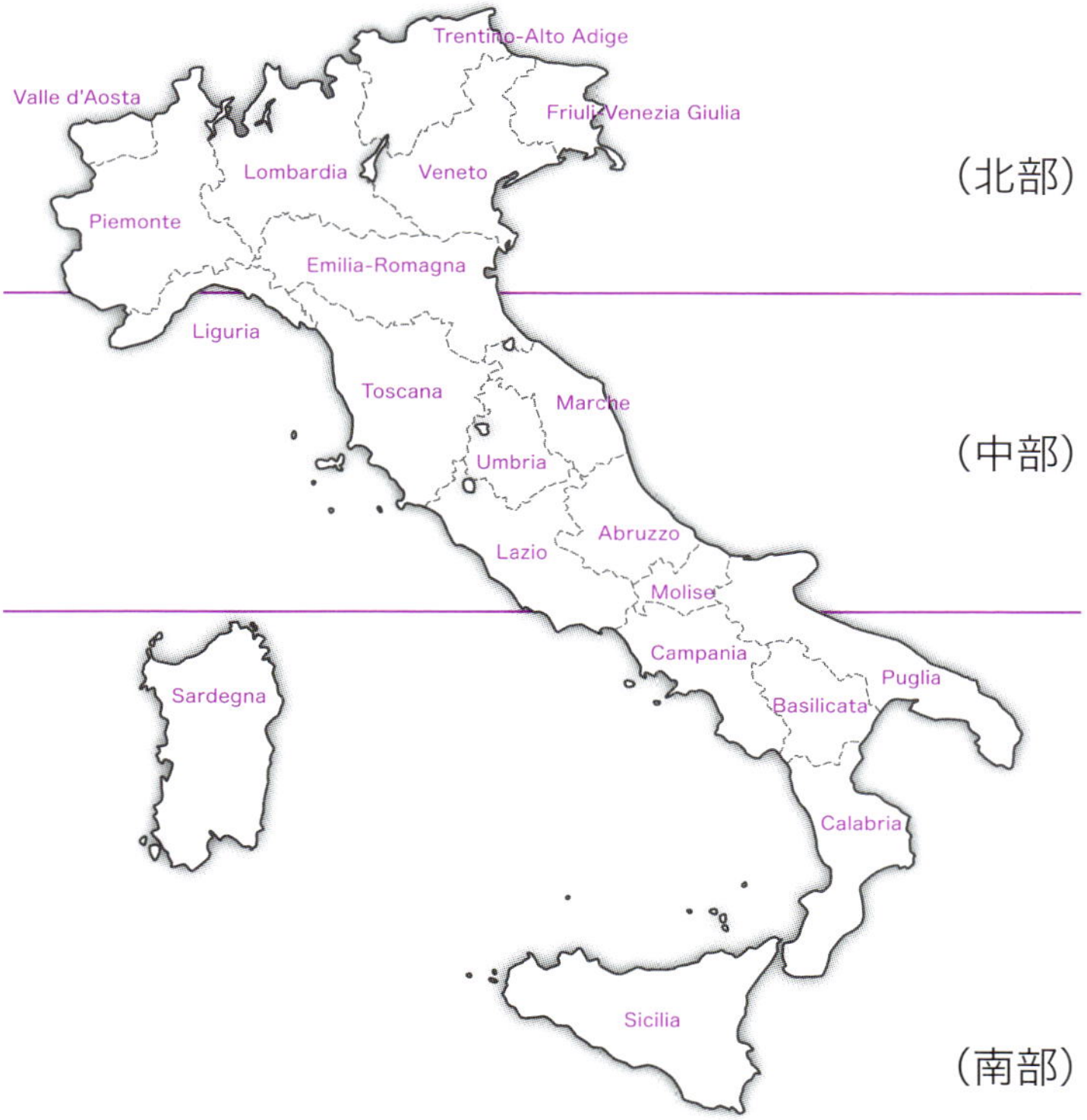

　イタリアは、ほかのヨーロッパのワイン生産国と違い、地中海に飛び出した半島の形になっている。長靴の形をしたイタリア半島は、ヨーロッパ大陸との付け根の部分にアルプス山脈が走り、半島の背骨に当たる部分をアペニン山脈が、北はピエモンテ州からエミリア・ロマーニャ州、トスカーナ州、ウンブリア州を経て南イタリアまで貫いている。

　半島の北から南までおよそ一八〇〇キロに及ぶ各地方は、当然のことながら、気候も土壌も大きく違い、そのほとんどの地域でワイン造りが行われている。そこにイタリアワインの特徴がある。

ブドウを栽培する農家は数十万軒、ワインを瓶詰めする業者の数も二六万五〇〇〇軒に達する。一軒が平均六種類のワインを扱うといわれるから、年間に一六万枚以上のラベルが誕生することになる。

さらに、造られたワインが数年間にわたり市場で出回ることを考えると、はかり知れないラベルの数、ワインが存在することになる。イタリアは過去一八年間の平均で、年間四六〇万キロリットルを生産する、フランスを凌ぐ世界一のワイン生産国である。DOCと、さらにきびしい国の検査に合格したDOCGワインを合わせると、四〇〇以上の銘柄一八〇〇〇種を超えるタイプのワインがあり、ワインの種類がきわめて多く、ヴァラエティーに富んでいることもその特徴といえる。

北イタリアのワイン

北イタリアは、アルプス山脈を境にフランス、スイス、オーストリア、スロヴェニアと接する山がちな地域と、その南に位置するロンバルディア平原からアペニン山脈を越え、アドリア海まで続く地域である。

フランスと接するピエモンテ州は、今から一〇〇〇年以上も前からワイン造りで知られる州である。

特に州中部から南部にかけてワイン造りが盛んで、イタリアワインの王様といわれるバローロやバルバレスコで知られる。いずれも晩秋、ネッビア（霧）が出はじめる頃ブドウを収穫することからネッビオーロと名づけられた品種から造られる。

バローロは、白トリュフで知られる町アルバの南、ランゲの小高い丘で造られる。しっかりとしたタンニンをもち長期の熟成に耐えることから、フランスのボルドーやブルゴーニュの銘醸ワインと比較される。バローロの兄弟分とされるバルバレスコも、アルバに近いバルバレスコ村でバローロと同じ品種から造られる。長期の熟成に耐え、エレガントで繊細な味わいがあり、世界的に人気を得ているが、その生産量はバローロの三分の一以下と少ない。

北部ヴェルチェッリ県のガッティナーラもDOCGの指定を受けた赤ワインだ。ノヴァーラ県のゲンメと同様、スパンナ（ネッビオーロ）種を使用したワインである。

イタリア以外の国では生産がむずかしい、モスカート種を使用したフルーティなモスカート・ダスティ、アスティは、一九九三年にＤＯＣＧに指定されたが、特にアスティはスプマンテとしては初めてのＤＯＣＧ指定であった。州の中部から南部にかけてのアスティ、クーネオ、アレッサンドリアの各県で造られる。黄金色を帯びた麦わら色で、モスカートの果実をそのまま瓶に詰め込んだようなフルーティーなワインである。アスティは、特殊な大型タンク内で二次発酵させた発泡性甘口スプマンテ。

このほか、独特の快い香りをもつドルチェットや、濃いルビー色で濃密なブドウ香をもつバルベーラ、明るいルビー色で上品な香りの辛口ワイン、グリニョリーノといった赤ワイン、コルテーゼ種から造られるやわらかな酸味を感じさせるガヴィ、近年人気のアルネイスなどの白ワインも、食事に合うピエモンテ州のワインとして知られている。

ピエモンテ州の東に位置するロンバルディア州は、アルプス山脈の中央部からポー川に達する地域。穀物栽培でも知られるが、イタリア経済、商業の中心地として重要な役割を果たしているミラノを中心に、イタリアで最も工業化された地域である。

ワイン造りはさほど盛んではないが、北部ヴァルテッリーナ渓谷、イゼオ湖、ガルダ湖周辺と、南のアペニン山脈の麓でブドウの栽培が行われている。

イゼオ湖の南側丘陵地帯フランチャコルタでは、バルベーラ種、ネッビオーロ種、カベルネ種、メルロー種を使用した食事に向く赤ワインと、各種ピノ種とシャルドネ種から造られる白ワインが知られる。この白ワインとほぼ同様のブドウから瓶内二次発酵を経て生み出されるスプマンテ、フランチャコルタは、一九九五年産から辛口スプマンテとして初めてＤＯＣＧに認められた。

ガルダ湖の南側では、さわやかな辛口白ワイン、ルガーナが造られる。

北部ヴァルテッリーナ渓谷は乾燥肉ブレザオラの産地として知られるが、この地方のキアヴェンナスカと呼ばれるネッビオーロ種からは、しっかりとした赤ワイン、ヴァルテッリーナが造られており、ヴァルテッリーナ・スペリオーレは一九九八年ＤＯＣＧに認められた。またアペニン山脈の麓オルトレポー・パヴェーゼでも近年食事によく合う白・赤ワインが造られ、ミラノなどの大都市で消費されている。

ロンバルディア州の東からアドリ

ア海へと広がるヴェネト州は、東アルプスのイタリア側斜面とヴェネト平野を含み、北から南へと下るにつれて気候が変わり、そこで造られるワインも変化に富んでいる。

ヴェローナに近いソアーヴェの町周辺ではガルガーネガ種、トレッビアーノ・ディ・ソアーヴェ種から造るフルーティーな白ワイン、ソアーヴェがある。キアンティと並んで日本で最もポピュラーなイタリアワインの一つである。同様のブドウを陰干しして搾り、発酵させて造る黄金色のワイン、レチョート・ディ・ソアーヴェもデザート用白ワインとして人気のあるワインで、一九九八年ＤＯＣＧに認められた。コネリアーノから、ヴァルドッビアデネに至る丘陵地を中心に、グレーラ種を使って造られるフルーティなスプマンテ、プロセッコは、今日5億本を超える生産量があり、世界で最も多く造られる規定発泡性ワインになった。

ルビー色で繊細な風味をもつ赤ワイン、ヴァルポリチェッラは食事に合うワインとして知られるが、同様のブドウを陰干しして糖度を高めてから造るレチョートは、濃いガーネット色でアーモンドの香りをもつ力強いワインである。

ガルダ湖の西岸で造られる明るいルビー色のバルドリーノは、繊細な花の香りをもつ辛口ワイン。ピンク色のロゼはその色調からキアレットと呼ばれる。

オーストリアと国境を接するイタリアの最北端、トレンティーノ・アルト・アディジェ州は、夏暑く、冬の寒さは比較的やわらぐ地方で、ブドウやリンゴの栽培で知られている。

アルプスの雪解け水が流れるアディジェ川の両側で栽培されるのは、シャルドネ、ピノ、ミュッラー・トゥルガウ、シルヴァネル種など、フランスやドイツ系の白ブドウが主体であるが、この地域に古くから存在する黒ブドウのスキアーヴァ種も作られている。かつてはオーストリア領であったことから、一部の地域では今でもドイツ語が日用語として使われている。

この地方に始まる木樽を使ったワインの保存法は、プリニウスの書にも記述があり、トラミネル種を使ったワインは古代ローマの皇帝たちに愛飲されたといわれる。

各農家は今でも細かく区分されており、独自に瓶詰めする農家は少なく、エステートワイナリーが育たない原因となっているスロヴェニアと接するフリウリ・ヴェネツィア・ジューリア州は、イタリアの東の端に位置する。

ワイン造りの歴史は古く、アクイレイアの町には古代ローマ時代のワイン造りに関する資料が残っている。

水はけのよい丘陵地帯では良質の白ワインが造られる。わずかに苦味を含む辛口の白ワイン、フリウラーノのほか、赤ワインではメルロー種の生産量が多い。

主なブドウ生産地域は、コッリョを中心にした地域と、その北側のフリウリ・グラーヴェ、ウーディネからゴリツィアにかけてのフリウリ・コッリ・オリエンターリの三地域で、白ワインを中心にすぐれたワインが造られている。

フリウリ・コッリ・オリエンターリ地方では、特殊なブドウ、ピコリットが今でもわずかながら作られている。この品種は野生の品種に近く、受粉がむずかしいため生産量がきわめて少なく、ブドウの一粒一粒の糖度が高い。アカシアの蜜を思わせる上品な香りとほのかな甘さのこのワインは、古くはローマ法王やロシア皇帝に愛飲されたといわれる。

このほか、北イタリアでは海岸沿いにフランスと接するリグーリア州、モンブラン・トンネルを境にフランスとの国境に位置するヴァッレ・ダオスタ州がある。リグーリア州では温暖な気候を利用して、麦わら色でフルーティーなヴェルメンティーノ種やピガート種などが作られているが、その生産量は少ない。

アオスタ渓谷ではピノ・ネロ種、ピノ・ビアンコ種、ガメイ種などのフランス系ブドウのほかネッビオーロ種などのピエモンテ地方の品種が作られる。北イタリアで最も南に位置し、ポー川からアペニン山脈、東はアドリア海に臨むエミリア・ロマーニャ州では、北部モデナを中心に平坦な地域で生き生きとしたルビー色で独特の香りをもつ発泡性赤ワイン、ランブルスコが造られる。

ボローニャからイモラ、ファエンツァ、フォルリ、リミニと、アドリア海に達する高速道路の両側では、白ワインで初めてDOCGに指定されたロマーニャ・アルバーナが造られる。この地域の丘陵地帯ではサンジョヴェーゼ種が、平坦な地域ではトレッビアーノ種が作られている。

【中部イタリアのワイン】

アペニン山脈の南に位置する中部

イタリアは、ローマを中心に古くから栄えた地域で、中世以降もフィレンツェをはじめとする都市国家が独自の文化を実らせていた。また、アペニン山脈が北イタリアとの間に走っていることもあり、北イタリアの文化的影響はさほど受けていない。南イタリアとの間を隔てるものは見あたらないが、緑が多く、南の荒涼とした風景とは異なる景観を呈している。

この中部イタリアには、トスカーナ州を中心に北部と並んでワインの名産地が多い。

トスカーナ州は、アペニン山脈の山並みと多くの湖、ティレニア海の海岸線と沖合に浮かぶエルバ島など、美しい自然に恵まれた風光明媚な州で、世界中の人々に親しまれている。こののびやかで変化に富んだ自然のもとで、世界中に知られるキアンティが造り出される。キアンティはシエナ、フィレンツェ、ピストイア、ピサ、アレッツォ、プラートの六つの県で造られる。サンジョヴェーゼ種主体のこのワインは、上品なスミレの香りをもち、美しいルビー色で、熟成するとガーネット色を帯びる。ワインの熟成に応じてさまざまの料理を合わせることのできる食事用ワインである。

この地方にはまた、バローロ、バルバレスコと並び世界的に評価の高いブルネッロ・ディ・モンタルチーノがある。サンジョヴェーゼ種を改良して作られたサンジョヴェーゼ・グロッソ種から造られるこのワインは、濃いルビー色で、個性的でエレガントな香りをもち、長期の熟成に耐えられるワインである。

またプルニョロ・ジェンティーレと呼ばれる同種のブドウを使ったヴィーノ・ノビレ・ディ・モンテプルチャーノはシエナの南、モンテプルチャーノの丘陵地帯で、この地方の貴族によって育てられた。

一九九〇年、ＤＯＣＧに昇格したカルミニャーノはフィレンツェ近くのキアンティ地区にあるが、以前からカベルネ・ソーヴィニヨン種を使用していた。

白ワインでは、薄い麦わら色で熟成につれ黄金色を帯びる、辛口のヴェルナッチャ・ディ・サンジミニャーノがある。魚料理によく合うワインである。

マルケ州は、アペニン山脈の東麓からアドリア海に広がる州で、魚の形のボトルで知られるヴェルディッキオに代表される白ワインの産地として知られてきたが、近年、モンテプルチャーノ種、サンジョヴェーゼ種から造られる赤ワイン、コーネロ、ロッソ・ピチェーノなども人気を得ている。

アペニンの山並みに包まれたウンブリア州はイタリアの緑の心臓と呼ばれ、イタリア半島の中央部に位置する。緑に覆われたゆったりとした丘陵やその谷間では、古くからオリーブやブドウが栽培されてきた。上品な心地よさをもつ麦わら色のオルヴィエートは、古くから法王やフィレンツェの貴族に愛され、今でもトスカーナでの瓶詰めを認められている。

ペルージャに近いトルジャーノの丘では、サンジョヴェーゼ種、カナイオーロ種から、明るいルビー色で調和のとれた赤ワイン、トルジャーノ・ロッソが造られる。熟成期間が三年以上でアルコールが一二・五度以上あるリゼルヴァは、一九九〇年産よりDOCGに認められている。

一九九三年よりDOCGに昇格したモンテファルコ・サグランティーノは、この地方の力強い赤ワインで、キイチゴに似た個性的な香りをもつ。

ローマを中心とするラツィオ州では、古代ローマ時代から特徴のあるワインが造られていた。ソフトで個性的な香りをもつ白ワイン、フラスカティは、古くからローマの貴族やブルジョア階級に好まれていたといわれる。

また古い伝説をもつ白ワイン、エスト！エスト!!エスト!!!もこの地方のワイン。美味しいワインを探すようにと主人の命を受けて旅の先導をしていた従者マルティーノは、美味しいワインのある宿の戸に「エスト！」（ラテン語の〝存在する〟の意）、さらにすぐれたワインの宿には「エスト!!エスト!!!」と記すことになっていた。モンテフィアスコーネに着いたとき、そのワインの素晴らしさに、彼はつい「エスト！エスト!!エスト!!!」と三回繰り返してしまった—これが現在の名前の始まりといわれている。

アブルッツォ州には、トレッビアーノ種から造られるトレッビアーノ・ダブルッツォとモンテプルチャーノ種から造られるモンテプルチャーノ・ダブルッツォがあるが、後者のコッリーネ・テラマーネ地区のワインは近年DOCGに認定されている。

南イタリアのワイン

南イタリアは、イタリア半島の南部、長靴形の膝より下にあたる地域で、カンパーニア、バジリカータ、プーリア、カラブリアの各州に、シチリア島、サルデーニャ島を加えるのが一般的だ。

今から二〇〇〇年ほど前の古代ローマ時代、この地方は森林に覆われ、ローマ帝国の穀倉をなしていたといわれる。だがその後、多くの木が切り倒され、熱い日射しとアフリカ大陸から渡ってくるシロッコ（熱風）によって土地が乾燥し、土壌の浸食が激しくなり、現在のような岩がちの地形となった。

しかし、シチリア島とプーリア州は現在でもブドウの生産量が多く、イタリアを代表する量産地になっている。またオリーブ、トマト、オレンジなどの農産物の生産量も多く、ヨーロッパを代表する農業地帯である。

ナポリを中心とするカンパーニア州では、海岸線よりも気候が比較的きびしい山間部でブドウ栽培が行われている。

南イタリアを代表するすぐれた赤ワイン、タウラージは、一九九三年に南イタリアのワインとして初めてDOCGに認定された。ギリシャから移植されたアリアニコ種から造られる、濃いルビー色で独特の濃密な香りをもつ長期の熟成に耐えるワインである。

また、古代ローマ時代から知られる濃い麦わら色をした心地よい香りのグレコ・ディ・トゥーフォ、調和のとれたフィアーノ・ディ・アヴェッリーノなど、熟成に向く白ワインもDOCGに認められている。このほか、ヴェスーヴィオ火山の麓で造られるワイン、ラクリマ・クリスティ・デル・ヴェスーヴィオ（赤、白、ロゼ）も歴史上の逸話で知られるワインである。

長靴の踵の部分にあたるプーリア州では、紀元前二〇〇〇年頃からブドウ栽培が行われていたといわれ、エノトリア（ワインの地）と呼ばれていた。その伝統を受け継ぎ、古くからアレアティコ・ディ・プーリア、モスカート・ディ・トラーニなどの甘口ワインが造られている。

また、アラゴン（スペイン）王フェデリコ二世が建てた歴史的記念物、カステル・デル・モンテ（鷹狩りのための城）の名前をつけたワインもある。バラ色がかった明るいルビー色の上品なロゼは、辛口で飲みやすく、海外でも知られている。南部のレッチェ周辺では、ネグロアマーロ種やプリミティーヴォ種から造られるワインが近年人気を集めている。

シチリア島は、その生産量のわりにDOCワインの数が少ない。しかし、コルヴォ、レガレアーリ、ドンナフガータ、プラネタなどすぐれたブランドワインも多く、海外にも多く輸出されている。

シチリア島の西の端、トラパニに近いマルサラの地で造られる酒精強化ワイン、マルサラは、ワインの熟成、色、糖分によって区別され、料理のみならずアペリティーヴォ（食前酒）やディジェスティーヴォ（食後酒）としても使われる。

そのほか、チュニジアに近いパンテッレリア島には特有のアロマをもつ甘口ワイン、モスカート・ディ・パンテッレリアがある。またシチリア島の北にあるエオリエ諸島には、マルヴァジア種を使った甘口ワイン、マルヴァジア・デッレ・リパリといったワインがある。

またシチリア島の南部、ラグーザ周辺で造られるチェラスオーロ・ディ・ヴィットーリアは、ネーロ・ダヴォラ種、フラッパート種から造られる赤ワインで、二〇〇五年シチリア島で初めてDOCGに認められた。

地中海のもう一つの島、サルデーニャ島のワイン造りは一五世紀以降スペインの影響を受け、一八世紀以降は島を支配したサヴォイア家によって大きな進歩を見ることになる。モスカート、ヴェルナッチャ、マルヴァジアなどの品種に加え、リグーリア州経由でヴェルメンティーノなどの品種も伝わり、白ワインの生産が盛んになった。

オリスターノの守護聖女、ジュスティーナの涙から生まれたと伝えられるヴェルナッチャ・ディ・オリスターノは、琥珀色を帯び、アーモンドの花の香りをもつ上品でしっかりとした味の辛口ワイン。ほかにも一九九八年にDOCGに認められた深い味わいのある白ワイン、ヴェルメンティーノ・ディ・ガッルーラがある。島の全域で造られるカンノナウ・ディ・サルデーニャは濃いルビー色で、熟成果実や松ヤニの香りがあり、長期の熟成に耐える赤ワインである。

DOCG ワインリスト

（2017年12月現在）

	DOCG名	認定年	州
1	アスティ *Asti*	（1993年12月）	ピエモンテ州
2	アルタ・ランガ *Alta Langa*	（2011年3月）	
3	エルバルーチェ・ディ・カルーゾ／カルーゾ *Erbaluce di Caluso o Caluso*	（2011年6月）	
4	ガヴィ／コルテーゼ・ディ・ガヴィ *Gavi o Cortese di Gavi*	（1998年8月）	
5	ガッティナーラ *Gattinara*	（1991年3月）	
6	ゲンメ *Ghemme*	（1997年6月）	
7	ドリアーニ *Dogliani*	（2005年7月）	
8	ドルチェット・ディ・オヴァーダ・スーペリオーレ／オヴァーダ *Dolcetto di Ovada Superiore o Ovada*	（2008年9月）	
9	ドルチェット・ディ・ディアーノ・ダルバ／ディアーノ・ダルバ *Dolcetto di Diano d'Alba o Diano d'Alba*	（2010年8月）	
10	ニッツァ *Nizza*	（2014年）	
11	バルバレスコ *Barbaresco*	（1981年9月）	
12	バルベーラ・ダスティ *Barbera d'Asti*	（2008年7月）	
13	バルベーラ・デル・モンフェッラート・スペリオーレ *Barbera del Monferrato Superiore*	（2008年7月）	
14	バローロ *Barolo*	（1981年1月）	
15	ブラケット・ダックイ／アックイ *Brachetto d'Acqui o Acqui*	（1996年6月）	
16	ルケ・ディ・カスタニョーレ・モンフェッラート *Ruche' di Castagnole Monferrato*	（2010年10月）	
17	ロエロ *Roero*	（2004年12月）	
18	ヴァルテッリーナ・スーペリオーレ *Valtellina Superiore*	（1998年7月）	ロンバルディア州
19	オルトレポー・パヴェーゼ メトド・クラッシコ *Oltrepò Pavese Metodo Classico*	（2007年8月）	

	DOCG名	認定年	州
20	スカンツォ／モスカート・ディ・スカンツォ *Scanzo o Moscato di Scanzo*	（2009年5月）	ロンバルディア州
21	スフォルツァート・ディ・ヴァルテッリーナ／スフルサット・ディ・ヴァルテッリーナ *Sforzato di Valtellina o Sfursat di Valtellina*	（2003年4月）	
22	フランチャコルタ *Franciacorta*	（1995年10月）	
23	アマローネ・デッラ・ヴァルポリチェッラ *Amarone della Valpolicella*	（2010年4月）	ヴェネト州
24	コッリ・アゾラーニ・プロセッコ／アゾロ・プロセッコ *Colli Asolani - Prosecco o Asolo - Prosecco*	（2009年7月）	
25	コッリ・エウガネイ・フィオール・ダランチョ／フィオール・ダランチョ・コッリ・エウガネイ *Colli Euganei Fior d'Arancio / Fior d'Arancio Colli Euganei*	（2011年1月）	
26	コッリ・ディ・コネリアーノ *Colli di Conegliano*	（2011年10月）	
27	コネリアーノ・ヴァルドッビアデネ・プロセッコ *Conegliano Valdobbiadene Prosecco*	（2009年7月）	
28	バニョーリ・フリウラーロ／フリウラーロ・ディ・バニョーリ *Bagnoli Friularo o Friularo di Bagnoli*	（2011年11月）	
29	バルドリーノ・スーペリオーレ *Bardolino Superiore*	（2001年8月）	
30	リゾン *Lison*	（2011年1月）	フリウリ・ヴェネツィア・ジュリア州／ヴェネト州
31	ソアーヴェ・スペリオーレ *Soave Superiore*	（2001年11月）	ヴェネト州
32	ピアーヴェ・マラノッテ／マラノッテ・デル・ピアーヴェ *Piave Malanotte o Malanotte del Piave*	（2011年1月）	
33	モンテッロ・ロッソ／モンテッロ *Montello Rosso o Montello*	（2011年10月）	
34	レチョート・ディ・ガンベッラーラ *Recioto di Gambellara*	（2008年8月）	
35	レチョート・ディ・ソアーヴェ *Recioto di Soave*	（1998年5月）	
36	レチョート・デッラ・ヴァルポリチェッラ *Recioto della Valpolicella*	（2010年4月）	

	DOCG名	認定年	州
37	コッリ・オリエンターリ・デル・フリウリ・ピコリット *Colli Orientali del Friuli Picolit*	(2006年4月)	フリウリ・ヴェネツィア・ジュリア州
38	ラマンドロ *Ramandolo*	(2001年10月)	
39	ロザッツォ *Rosazzo*	(2011年10月)	
40	コッリ・ボロニェージ・クラッシコ・ピニョレット *Colli Bolognesi Classico Pignoletto*	(2010年11月)	エミリア・ロマーニャ州
41	ロマーニャ・アルバーナ *Romagna Albana*	(1987年10月)	
42	ヴァル・ディ・コルニア・ロッソ／ロッソ・デッラ・ヴァル・ディ・コルニア *Val di Cornia Rosso o Rosso della Val di Cornia*	(2011年12月)	トスカーナ州
43	ヴィーノ・ノービレ・ディ・モンテプルチアーノ *Vino Nobile di Montepulciano*	(1981年2月)	
44	ヴェルナッチャ・ディ・サン・ジミニャーノ *Vernaccia di San Gimignano*	(1993年7月)	
45	エルバ・アレアティコ・パッシート／アレアティコ・パッシート・デッレルバ *Elba Aleatico Passito o Aleatico Passito dell'Elba*	(2011年6月)	
46	カルミニャーノ *Carmignano*	(1991年3月)	
47	キアンティ *Chianti*	(1984年10月)	
48	キアンティ・クラッシコ *Chianti Classico*	(1984年10月)	
49	スヴェレート *Suvereto*	(2011年11月)	
50	ブルネッロ・ディ・モンタルチーノ *Brunello di Montalcino*	(1980年11月)	
51	モレッリーノ・ディ・スカンサーノ *Morellino di Scansano*	(2006年11月)	
52	モンテクッコ・サンジョヴェーゼ *Montecucco* Sangiovese	(2011年9月)	
53	ヴェルディッキオ・ディ・マテリカ・リゼルヴァ *Verdicchio di Matelica Riserva*	(2010年3月)	マルケ州
54	ヴェルナッチャ・ディ・セッラペトローナ *Vernaccia di Serrapetrona*	(2004年9月)	
55	オッフィーダ *Offida*	(2011年6月)	

	DOCG名	認定年	州
56	カステッリ・ディ・イェージ・ヴェルディッキオ・リゼルヴァ *Castelli di Jesi Verdicchio Riserva*	(2010年3月)	マルケ州
57	コーネロ *Conero*	(2004年9月)	
58	トルジャーノ・ロッソ・リゼルヴァ *Torgiano Rosso Riserva*	(1991年3月)	ウンブリア州
59	モンテファルコ・サグランティーノ *Montefalco Sagrantino*	(1992年11月)	
60	モンテプルチャーノ・ダブルッツォ・コッリーネ・テラマーネ *Montepulciano d'Abruzzo Colline Teramane*	(2003年3月)	アブルッツォ州
61	カンネッリーノ・ディ・フラスカティ *Cannellino di Frascati*	(2011年12月)	ラツィオ州
62	チェザネーゼ・デル・ピリオ／ピリオ *Cesanese del Piglio o Piglio*	(2008年8月)	
63	フラスカティ・スペリオーレ *Frascati Superiore*	(2011年10月)	
64	アリアニコ・デル・タブルノ *Aglianico del Taburno*	(2011年10月)	カンパーニア州
65	グレコ・ディ・トゥーフォ *Greco di Tufo*	(2003年8月)	
66	タウラージ *Taurasi*	(1993年3月)	
67	フィアーノ・ディ・アヴェッリーノ *Fiano di Avellino*	(2003年8月)	
68	カステル・デル・モンテ・ネーロ・ディ・トロイア・リゼルヴァ *Castel del Monte Nero di Troia Riserva*	(2011年10月)	プーリア州
69	カステル・デル・モンテ・ボンビーノ・ネーロ *Castel del Monte Bombino Nero*	(2011年10月)	
70	カステル・デル・モンテ・ロッソ・リゼルヴァ *Castel del Monte Rosso Riserva*	(2011年10月)	
71	プリミティーヴォ・ディ・マンドゥーリア・ドルチェ・ナトゥラーレ *Primitivo di Manduria Dolce Naturale*	(2011年3月)	
72	アリアニコ・デル・ヴルトゥレ・スペリオーレ *Aglianico del Vulture Superiore*	(2010年8月)	バジリカータ州
73	チェラスオーロ・ディ・ヴィットーリア *Cerasuolo di Vittoria*	(2005年9月)	シチリア州
74	ヴェルメンティーノ・ディ・ガッルーラ *Vermentino di Gallura*	(1996年9月)	サルデーニャ州

イタリア各地のワイン

イタリアは既に記した通り北半球に位置し、南北に長い半島になっており、半島の背骨にあたる部分にアペニン山脈が走っていて、海に囲まれていることから、北と南では気候的にも土壌的にも大きく違い、二〇ある州の全ての地域で独自の規定ワインが造られている。また、今から二〇〇〇年以上前からワインは既にキリスト教のなかで認められており、古くからワイン文化が根付いている国ということができる。そこで、各州のワインを紹介するとともに、このワインに合う各州の伝統料理も紹介することにしよう。

ヴァッレ・ダオスタ州

ヴァッレ・ダオスタ州は、イタリア北西部に位置し、アルプス山脈を隔てて北はスイス、南西部はフランスと国境を接し、南部はピエモンテ地方と接するため、造られるワインにはフランス、ピエモンテ地方の品種が多く使われている。

その名前からもわかるように、谷間にある小さな州で、マッターホルン、モンブランといった名峰を仰ぐ山岳地帯にあり、ブドウが植えられている谷間の斜面も標高一〇〇〇メートルを超える地域もあって、極めて厳しい自然条件の中でブドウが育てられている。このため、ワインの生産量もイタリア全土の一パーセントにも満たない量で、また観光地でもあることから、そのほとんどが地元で消費され、輸出に回されるワインの量も非常に少ない。

ピエモンテ州

バローロ
BAROLO

バローロは食卓でサービスする時には七～八年の熟成を経たものを抜栓したい。

バロン型のグラスが望ましいが、赤身肉のローストやステーキのほか、野菜とワインと一緒に煮込んだブラザードやストラコット、ストゥファートなどの肉の煮込み料理に合う。また、ジビエ料理やカステルマーニョ、ブラなどの熟成チーズにも向く。

バルバレスコ
BARBARESCO

バルバレスコは五年以上の熟成を待って抜栓したい。やはりバローロ同様、数時間前の抜栓が望ましい。バロン型のグラスを使用し、一六～一八℃のサービス温度がよい。

赤身肉のローストをはじめ、「レ

プレ・イン・チヴェ（野ウサギを赤ワインと香草で煮込んだ料理）」、熟成パルメザンチーズなどが合う。

ロエロ・アルネイス
ROERO ARNEIS

　比較的若飲みタイプのワインだが、近年酸を補ったタイプのワインが多く造られるようになり、二、三年の間、十分に楽しめるワインになっている。

　サービス温度は八～一〇℃が望ましく、食前酒から各種アンティパスト、魚介類のフライやグリル、卵料理などの幅広い料理に合わせることができるほか、クレッシェンツァやベル・パエーゼなどの軟質チーズにも合う。

ドルチェット
DOLCETTO

　ドルチェット種を使ったワインは、ピエモンテ州で九つのDOCG／DOCに認められているが、古くから日常ワインとして地元の人々の食卓に上がってきた。今日でも食事を通して楽しむことのできるワインであることから、トリノやミラノなど北イタリアの大都市でも人気のあるワインである。

　サービス温度は一六～一八℃が望ましく、サラミや仔牛肉のツナソース、タルタル肉など、この地方の名物アンティパストによく合う。

　また地元でプリンと呼ばれるアニョロッティやラビオリにも合う。メインでは鶏肉や仔牛肉のグリルのほか、ポレンタを添えた料理、また、ロビオーラやブラの中程度の熟成チーズにもよく合う。

バルベーラ
BARBERA

　バルベーラも食事を通して楽しむことのできるワインとしてピエモンテやロンバルディアの人々の間で親しまれてきたワインである。特に冬の料理「ボッリート・ミスト」やカッソーラなどの内臓の煮込み料理の脂肪分を拭い去ってくれる、しっかりした酸をもつワインとして合わせることが多い。また、カステルマーニョやゴルゴンゾーラの中程度の熟成チーズにも合う。

アスティ
ASTI

　この甘口発泡性ワインは、マスカットの心地好いアロマを含み、デリケートな甘みがあり、アルコール度数も低いため、デザートワインとしてはうってつけのワインである。

　リンゴやピーチ、チェリーなどをのせたタルタ類、クレープ、ザバイオンソースをかけた「パン・ディ・スパーニャ（スポンジケーキ）」などに合う。

イタリアではナターレ（クリスマス）やパスクワ（イースター）の時にこのワインとパネットーネ、パンドーロ、コロンバなどのパンケーキを合わせて飲むことが多い。

ガヴィ
GAVI

コルテーゼ種から造られる、ピエモンテ州を代表するこの白ワインは、デリケートな酸を持ち、魚料理によく合うワインとして知られている。また、「ミネストレ・イン・ブロード」などのパスタ入りスープにも合う。

瓶内二次発酵させたスプマンテは食前酒から生ガキなど、生の海産物によく合う。

ロンバルディア州

ロンバルディア州は、北はアルプスを境にスイスと国境を接し、南部はポー川までも穀倉地帯、東はイタリア最大の湖、ガルダ湖までの地域で、ブドウ栽培が盛んとはいえないが、近年高品質ワインが造られるようになっている。北部のソンドリオを中心とするヴァルテッリーナ渓谷には地元でキアヴェンナスカと呼ばれるネッビオーロ種が植えられ、ヴァルテッリーナ・スペリオーレ、スフォルツァートなどのワインがDOCGに認められている。

東部のベルガモからイゼオ湖にかけてのフランチャコルタの丘陵では、瓶内二次発酵によるスプマンテがDOCGに認められている。

また南部のパヴィア県オルトレポー・パヴェーゼの丘陵では、古くからピエモンテ地方のヴェルモットやスプマンテの原料となるブドウが作られてきたが、近年独自のワインも造られるようになった。

フランチャコルタ
FRANCIACORTA

ピノ・ビアンコ、シャルドネ、ピノ・ネロ種から造られるこのスプマンテは、一九九五年にDOCGに昇格した。ブレーシャ県のイゼオ湖南側のフランチャコルタの丘陵で造られる。「カ・デル・ボスコ（CA'

DEL BOSCO)」、「ベッラヴィスタ(BELLA VISTA)」、「ベルルッキ(BERLUCCHI)」などのブランドで知られる。ロゼ、白ブドウのみで造られるサテンもDOCGに認められている。

食前酒のみならず、地元ではイゼオ湖のマス料理に合わせるが、食事を通して楽しむことのできるスプマンテである。

オルトレポー・パヴェーゼ

OLTREPÒ PAVESE

オルトレポー・パヴェーゼのロッソは、バルベーラ種を主体にクロアティーナ、ウーヴァ・ラーラ、ヴェスポリーナ種などから造られる。

ミラノの伝統料理「カッソーラ」に合うことから、ミラネーゼが五〇リットルほどのダミジャーノをもって買いに来る。このミラノ料理は冬の名物料理で、雑肉とチリメンキャベツの煮込み料理。このワインは肉類のローストにも合う。サービス温度は一四～一六℃と少し低めがよい。そのほかの料理としては、バルベーラは、サラミやブラザート、ラビオリなどに合う。

リースリングはフレッシュ感のある白ワインで、魚介類のマリネのほか、食事を通して楽しむこともできる。また、スプマンテは、アスパラ入りリゾットやスフレなどにも合う。

ヴェネト州

ヴェネト州は、近年DOCG、DOCの上級ワインの生産量だけでなく、全ワインの生産量でもイタリア一を競う州になってきている。

もともと一五～一六世紀にはヴェネツィア共和国として大発展を遂げた歴史のある地域で、南部のポー川流域では、小麦やトウモロコシ、米などが作られ、山がちな北部や南部の丘陵地ではブドウの栽培が盛んであるほか、酪農も発達し、チーズ類も多く生産されている。

以前は、ワインの生産量は多いものの、あまりすぐれた品質のワインは少なかったが、毎年ヴェローナで開催される世界最大規模のワイン見本市「ヴィニタリー（VINITALY）」の影響もあり、全体の質の向上に役立っているといえる。

ヴァルポリチェッラ
VALPOLICELLA

ヴァルポリチェッラは、ヴェローナの北側、アディジェ川をはさんだ丘陵で造られる赤ワインで、ヴェネト州を代表する赤ワインである。古くからこのワインが造られてきたクラッシコ地区は、ネグラーラ、マラーノ、フモーネ、サンタンブロージョ、サンピエトロ・イン・カリアーノの地域である。

もともとこのワインは、古くから造られていたワインだが、名前の由来はラテン語で、たくさんの谷間で多くのワインが造られているところ、という意味であったらしい。

量産されるワインの一つに数えられ、毎年四〇〇〇万本以上が造られるが、ブドウはコルヴィーナ、ロンディネッラ、モリナーラ種などから造られる。ルビー色で独特のアーモンドを思わせる香りを含み、ほろ苦く風味のある辛口ワインになる。アルコール分が一二パーセントに達したスペリオーレや甘口のレチョート、一四パーセント以上で濃いワイン、アマローネは二〇一〇年にDOCGに昇格した。

若いものは、少し冷やして「リゾ・エ・ピゼッリ（グリーンピースと米の料理）」やパスタ料理などに合う。アマローネは肉類のローストやブラザートなど、肉の煮込み料理に、また甘口のレチョートはベリー類のタルトなどのデザートに合う。

ソアーヴェ
SOAVE

ガルガーネガ種主体で、トレッビアーノ・ディ・ソアーヴェ種などを加えて造られるソアーヴェは、毎年七〇〇〇万本近く生産される、世界で最もよく知られているイタリア産白ワインである。ヴェローナからヴェネツィアに向かう途中にあるソアーヴェの城を中心に造られているこのワインは、アルコール度数が一二パーセントを超えるスペリオーレ、ブドウを陰干しした甘口、レチョートとスプマンテもDOCワインに認められている。

もともとソアーヴェの名前は、この地方に南下したロンゴバルド族のスヴェーヴィに由来する。

ワインは明るい麦わら色で、上品で独特の香りを含み、わずかに後口に苦みが残る辛口。軽いアンティパストから淡水魚の料理、魚介類の網焼き、リゾットなどに合うが、食事を通して楽しむことのできるワインである。

スペリオーレは、エビや貝類のほか、白身肉の料理にも合わせることができる。また、甘口のレチョートは、ヴェローナ名物のパンドーロやパネットーネといったパンケーキのほか、ゴルゴンゾーラなどの青カビチーズにも合わせることができる。

プロセッコDOCG
PROSECCO DOCG

プロセッコ種を使ったワインはヴェネト州だけではなく、隣接するフリウリ州でも造られるようになり、総生産量は五億本に達する。トレヴィーゾ県のコネリアーノ・ヴェネトから北のヴァルドッビアデネにかけての三五キロの丘陵地帯で造られるワインは、フレッシュ感があり、フルーティで、特にスプマンテは近年イタリアのみならず世界中で人気の発泡性ワインになっている。

生産量は九〇〇〇万本を超え、アスティを凌ぐ量になってきている。

もともとプロセッコ種（グレーラ種）は、フリウリ地方のプロセッコに始まるといわれるが、ヴェネト州の北東部の石灰質泥土壌の丘陵によく合ったため、この地で多く栽培されるようになった。

DOCGコネリアーノ・ヴァルドッビアデネ・プロセッコ（CONEGLIANO VALDOBBIADENE PROSECCO）は、八五パーセント以上グレーラ種を使用し、スプマンテのほか、弱発泡性のフリッツァンテ、スティルワインもあるが、その大半はスプマンテ。

リンゴや桃のフレッシュな香りを含み、わずかに苦みを感じる辛口は、食前酒として最適だが、カクテル用のほか、魚中心であれば食事を通して楽しむことのできるワインである。多くのイタリア人は帰宅前に「プロセッキアーモPROSECCHIAMO」といって友人を誘い、バールでプロセッコを一杯、そういうワインになっている。

トレンティーノ・アルト・アディジェ州

この州はイタリア最北部に位置する州で、北はオーストリアと、西は

スイスと国境を接し、東南にドロミテ山脈が走る。

北部のアルト・アディジェ地方は、第一次世界大戦前はオーストリア領であったことから、今日でもドイツ語が日常語になっている。DOCアルト・アディジェがアルプス地帯に属することから、「スッドティロル(SUDTIROL)」とラベルに表記され、ドイツ語が併記されているものも多い。

標高が一〇〇〇メートルに達する山の南向き斜面にブドウが植えられているところもあり、寒暖の差があることからアロマを多く含むワインが多く生み出されている。

料理はスペックをはじめとする肉を使い、「カンネデルリ」と呼ばれる、固くなったパンを砕いて丸め、スープや肉料理に添えて出すニョッキのようなものがあり、一般的には素朴な料理が多い。

マルツェミーノ
MARZEMINO

若きモーツァルトがトレント南のロヴェレートを訪れ、あの「ドン・ジョヴァンニ」を書いた時、マルツェミーノの味わいが忘れられず、歌詞の中に「あの美酒、マルツェミーノを注げ」という台詞が生まれたという。

ワインはソフトな味わいの赤ワインで、食事を通して味わうことができる。特にコテキーノやザンポーネなど脂肪分を多く含むサラミ類によく合う。また、ポルチーニ茸などキノコ入りのポレンタやキノコ類をニンニク、パセリと塩、コショウで炒めたトリフォラーティなどの料理によく合う。鶏肉のグリルなどにも合うが、少し低めの一四〜一六℃でサービスするとよい。

トレント・スプマンテ
TRENTO SPUMANTE

二〇世紀の初め、ジュリオ・フェッラーリやエキープ・チンクエのメンバーたちがシャンパーニュ地方で瓶内二次発酵の技術を学んで帰り、この地方でのスプマンテ造りが始まった。そしてトレンティーノ地方に多くのシャルドネ種が植えられるようになった。

今日この地方で造られるDOCスプマンテは、「タレント(TALENTO)」と表示されるようになっている。

食前酒に向くことはいうまでもないが、軽い昼食や魚主体の料理であれば、食事を通して楽しむことができる。

フリウリ・ヴェネツィア・ジューリア州

イタリア北東部東端の州で、北はアルプスを隔ててオーストリアと、東はスロベニアと国境を接し、南はアドリア海に臨む州である。

降水量の多い地方で、古くは養蚕が盛んであった。北部山岳地帯では牧畜が盛んで、扇状地で風通しのよいサン・ダニエレは、生ハムの生産地として知られている。

スロベニアとの国境までの丘陵地には、フリウリ・コッリ・オリエンターリ、コッリョとブドウの生産地が続き、この丘陵地帯から南の平野部にかけては、グラーヴェ、ラティザーナ、アクイエリア、イゾンツォと続く。また、東に延びる岩がちの海岸線にはカルソのDOCがある。

特にスロベニアと国境を接する小高い丘の連なる地域は、「ポンカ」と呼ばれる細かい砂からできた土壌で、素晴らしい白ワインを生み出す地域として知られている。

この地方独自のブドウに、すでにDOCGに認められているピコリットやヴェルドゥッツォ、それにフリウラーノなどの白ブドウのほか、レフォスコ、スキオッペッティーノなどの黒ブドウもある。

フリウラーノ
FRIULANO

この品種は、ハンガリーの甘口、トカイ（TOKAJI）と同様の名前であったため、今後この名前を使用できなくなり、「フリウラーノ」と呼ばれることになった。このブドウはフリウリ地方で最も多く作られている白ブドウだが、乾いた土壌を好むため丘陵地に植えられることが多い。

ワインはアルコールが一一・五パーセント以上のスペリオーレと二四ヵ月以上の熟成を要するリゼルヴァがある。明るい麦わら色で上品な香りを含み、厚みのある辛口で、わずかな苦みを含む。

サン・ダニエレ産の生ハムなどの前菜から魚介類中心の料理であれば、食事を通して楽しむことができる万能ワインである。特に「リジ・エ・

ビジ（グリーンピース入りリゾット）」や魚のグリルによく合う。私の最も好きなタイプの白ワインである。

リボッラ・ジャッラ

RIBOLLA GIALLA

フリウリ地方全土に植えられている白ブドウで、ヴェネツィア人が運んだ品種であり、すでに一三〇〇年代にはこの地方に植えられていた。フリウリ地方の人々に愛される品種で、一一月、まだ濁って発酵中のこのワインを焼栗と一緒に飲むのを楽しみにしている。

ワインは緑がかった麦わら色で、アカシアの花を思わせる甘い香りを含み、しっかりした酸の辛口になる。アスパラ入りリゾットや魚介入りリゾット、あるいは白身魚のオーブン焼き、塩竈焼きなどの魚料理に合う。

ピコリット

PICOLIT

ピコリット種は、古代ローマ時代から栽培されていた品種だといわれる。古い品種で、ローマ法王やロシア皇帝、フランス王室などでももてはやされていたといわれている。しかし現在では、コッリョとコッリ・オリエンターリ・デル・フリウリでしか栽培されておらず、後者は二〇〇六年ＤＯＣＧに認められている。

この品種は特殊な品種で、ブドウの樹が野生に近く、雌しべと雄しべが反転していることから受粉も難しく、通常一房に一八〇粒ほどの実がつくが、ピコリットの場合は小さな粒が三〇～四〇程度しかつかず、甘みが凝縮される希少な品種である。

黄金色から濃いめの黄金色で、干しブドウの甘い香り、繊細なアカシアやオレンジの花のような香りを含み、さわやかな甘みと酸のバランスのよい、エレガントな味わいのワインになる。ストゥルーデルなどのリンゴを使ったパイや菓子類のほか、ゴルゴンゾーラなどの青カビチーズ、ハチミツをかけた熟成ペコリーノ・サルドなどのチーズ類にもよく合う。

リグーリア州

リグーリア州は北イタリアの西部、フランスと国境を接し、東西に長く

伸び、フランスのコート・ダジュールから続く海岸線沿いの地域である。この海沿いの地域は気候が穏やかで海から急な斜面になっており、この南向きの斜面ではオリーブ、柑橘類とともにブドウも植えられている。

もともとこの地方は観光地であり、ワインの生産量もそれほど多くないことから、ほとんどのワインは地域のホテルやレストラン、土産用として消費され、イタリアの大都市で販売されたり、輸出されたりするワインの量は極めて少ない。

チンクエ・テッレ
CINQUE TERRE

ラ・スペツィア県、スペッツィア湾の北西にあって、海から以外は道がなかったことから、チンクエ・テッレと呼ばれる陸の孤島となっていたが、今日では電車に乗ればトンネルでつながるこれらの村を訪れることができる。険しい斜面に作られた段々畑には、ブドウの樹が植えられ、今日でも車の入らないヴェルナッツァやマナローラ、リオマッジョーレなどの村には中世の集落の面影がそのまま残されている。

このワインはボスコ種、アルバローラ種、ヴェルメンティーノ種などから造られる。ボスコ種を使ったワインは古くは紀元前のポンペイの遺跡にあったアンフォラ（土器）に「コルニーリア」と記され、チンクエ・テッレの一つの村の名前があり、既にその頃から知られていた。次にアルバローラ種は、エトルリア時代の町、ルーニにあったブドウといわれ、一六世紀になって再び法王パオロ三世によって知らしめられたといわれる。

ワインは麦わら色で、繊細で上品な花の香り、新鮮な白い果実の香りが含み、個性的でサッパリとした味わいの辛口。香草を使ったムール貝の蒸し焼き、コッツェ・アッラ・マリナーラや海産物と野菜をオイルと酢で混ぜたサラダ、カッポン・マーグロなどの料理によく合う。また、リグーリア地方の名物料理、ペスト・ジェノヴェーゼを使った手打ちパスタ「トレネッテ・アル・ペスト」や野菜のタルト「トルテ・ディ・ヴェルドゥーラ」、海産物のフライ「フリット・アッラ・マリナーラ」、イセエビのサラダ カタルーニャ風「アラゴスタ・アッラ・カタラーナ」、鯛の紙包み焼き「オラータ・アル・カルトゥッチョ」など海産物の料理によく合う。

ロッセーゼ・ディ・ドルチェアックア

ROSSESE DI DOLCEACQUA

フランスと国境を接するサンレモ、インペリアのある地方、ドルチェアックアを中心に一一の村で造られているワイン。このワインは構成がしっかりしていて香りが高く、エレガントな味わいがある。今日でもアルベレッロ方式に植えられ、リグーリア州で唯一この方法で仕立てられている地域。ロッセーゼ種の起源は古く、ギリシャ、フェニキアの時代に遡るといわれる。

古代ローマのプリニウスの書によると、古代ローマの拡大する時期に多く植えられた品種と書かれている。ネッビオーロ種のベースになったものともいわれるが定かではない。

ワインにすると紫がかったルビー色で、乾いたバラの花の香りを含み、まろやかで滑らかな味わいになる。後口にわずかに苦みが残るが一四〜一六℃と少し低めの温度で楽しみたい。

ジェノヴァ風仔牛肉の詰め物料理「チーマ・アッラ・ジェノヴェーゼ」、サンレモ風ウサギの料理「コニーリオ・サンレモーゼ」、山羊肉の蒸し煮「ストゥファート・ディ・カプラ」などのほか、白身肉のグリルやロースト料理、中程度の熟成チーズに合う。

エミリア・ロマーニャ州

エミリア・ロマーニャ州は、アペニン山脈の北側からポー川までの、イタリア半島の付け根部分に東西に横たわるような形の州で、北イタリアに属する。

ポー川を境にロンバルディア州とヴェネト州、西はピエモンテ州、リグーリア州、南はトスカーナ州、マルケ州と接し、東はアドリア海に面している。州の中央をピアチェンツァからリミニまでエミリア街道が貫き、古代から交通の要衡として栄えてきた。

ポー河流域は、水に恵まれた穀倉地帯で、小麦、トウモロコシなどを作るが、パルマの生ハムやパルメザンチーズに代表されるハム類やチーズなど酪農製品の生産地としても名高い。

　エミリア地方とロマーニャ地方は、ワイン造りにおいて全く異なる地域で、エミリア地方ではランブルスコ種を主体とした弱発泡性の赤ワインが多く、ロマーニャ地方はスティルワインが主体である。エミリア地方では、バルベーラ、ランブルスコ、マルヴァジア、ピニョレットなどの品種が植えられているが、一方のロマーニャ地方では、サンジョヴェーゼ、トレッビアーノ、アルバーナに集中している。コッリ・ボロニエージとコッリ・ピアチェンティーニ、ロマーニャ地方の丘陵地のサンジョヴェーゼ、アルバーナなどから造られるワインの品質が年々高まってきている。

ロマーニャ・アルバーナ
ROMAGNA ALBANA

　このワインの歴史は古く、古代ローマの時代にすでに知られていた。一八〇〇年代までトレッビアーノのファミリーで、フランスに渡ったユニ・ブランに近い品種と思われていたが、ボローニャの農学者、デクレシェンテによって独自の品種であることが明らかにされ、一九八七年、ＤＯＣＧに認められた。古くは、糖分を多く含んでいたことから、マッキナ・ディ・ズッケロ(砂糖製造機)と呼ばれていた。ボローニャからエミリア街道沿いに東に向かってフォルリ、ラヴェンナの各県で造られる。辛口、中甘口、甘口、それにパッシートがある。一二カ月以上熟成させたリゼルヴァもある。また、貴腐菌の付着した貴腐ワインも造られるようになり品質的にも高い評価を得ている。

　辛口から甘口まで麦わら色で熟成に従い黄金色を帯びる。独特の熟成果実香があり、アロマを含んだ辛口から甘口までになる。

　辛口は魚貝類のグリルやオーブン焼き、中甘口は卵料理や詰め物パスタの料理に、甘口は甘味類や食事外にも向く。パッシートは濃密な甘い香りを含み、甘味類や辛口熟成チーズやゴルゴンゾーラなどの青カビチーズに合う。

　このほか、スプマンテ、リクオローゾ（酒精強化ワイン）もＤＯＣに認められている。

ロマーニャ・サンジョヴェーゼ
ROMAGNA SANGIOVESE

　イタリアの黒ブドウとして最もよく知られるサンジョヴェーゼは、中部イタリアを中心に古くから栽培されていることから、エトルリア時代から存在したのではないかといわれている。

フォルリ県とラヴェンナ県、ボローニャ県の広い地域で造られるこのワインは、明るいルビー色で熟成させたものはガーネット色を帯びる。スミレの花の香りを含み、適度なほろ苦さがある。若いうちは少し冷やして、生ハムやサラミのほかラグー入りパスタやトルテッリ、オーブンで焼いたラザーニャなどに合う。熟成させたものは、ワインで煮込んだ鴨の料理やジビエ料理にも合う。

ロマーニャ・トレッビアーノ
ROMAGNA TREBBIANO

トレッビアーノの歴史は古く、エトルリアに遡る。フォルリ県、ラヴェンナ県、ボローニャ県の広い平野地で栽培されている。弱発泡性のフリッツァンテ、スプマンテもあるが、魚べ軽めのアンティパストのほか、魚ベースの食事を通して楽しむこともできる。特にボローニャ風卵焼きのほか、スープ入りトルテッリーニなどの料理に合う。

ランブルスコ
LAMBRUSCO

今日ランブルスコには多くの種類があるが、そのオリジンはソルバーラ（SORBARA）だといわれる。水はけのよい砂地を好むこの品種は、セッキア川とパナロ川の間で栽培されるようになり、その周囲に広がっていった。

また酸の多い品種であることから、発泡性に向き、さらに発泡性にすることによって輸送にも耐えるワインになったため、その多くがアメリカに輸出され、「イタリアン・コカ・コーラ」と呼ばれるほどであった。

現在はソルバーラ、グラスパ・ロッサ、サンタ・クローチェ、レッジャーノのDOCになっているほか、ロンバルディア州のマントヴァでもDOCに認められている。

そのほとんどが辛口から薄甘口、中甘口、甘口まであり、弱発泡性も多い。ワインは明るいルビー色で、心地好いスミレの香りを含み、新鮮で独特の風味があり、バランスの取れたワインになる。

カッペレッティやトルテッリーニなどの詰め物パスタやハーブ入りリゾットなどに合うが、塩で煮込んだだけのボッリート・ミスト（肉の煮込み）や、この地方の名物ザンポーネやパルミジャーノ・レッジャーノなどにもよく合う。通常は一四～一六℃程度にやや冷やしてサービスするとよい。

トスカーナ州

トスカーナ州は、イタリアの中部にあり、西側の海岸線はティレニア海に面し、東側はアペニン山脈沿いにエミリア・ロマーニャ州、マルケ州、南はウンブリア州、ラツィオ州と接している。ゆったりとした、なだらかな丘陵地で知られ、古くはエトルリアの時代からのブドウ栽培とワイン造りで知られる地方で、州都フィレンツェとシエナを中心とする地域で造られるキアンティは、イタリアを代表するワインである。

また、上級ワインの生産地としても知られ、ピエモンテ州と並ぶＤＯＣＧワインの宝庫となっている。ＤＯＣＧワインには、キアンティ同様サンジョヴェーゼ種主体の赤にブルネッロ・ディ・モンタルチーノ、ヴィーノ・ノビレ・ディ・モンテプルチャーノ、カルミニャーノ・ロッソ、モレッリーノ・ディ・スカンサーノ、モンテクッコ・サンジョベーゼ、ヴァル・ディ・コルニア・ロッソ、スヴェレート、白はヴェルナッチャ・ディ・サン・ジミニャーノがある。

近年注目されているのはティレニア海沿いの地域である。グロッセート県のスカンサーノを中心とする地域で造られるモレッリーノ・ディ・スカンサーノは、二〇〇六年ＤＯＣＧに認められた。この地方の黒い馬の名前にちなんでモレッリーノと名付けられたサンジョヴェーゼ種主体で造られる。海に近いことから果実味あふれる生き生きとしたワインが造られてきたが、近年長熟タイプのワインも造られるようになった。ワインは濃いルビー色でブドウの果実そのものの香りやエーテル香を含み、なめらかで調和の取れた味わいになる。

マレンマのあるグロッセートから北に行ったところにボルゲリのＤＯＣがある。「スーパー・タスカン」としてトスカーナのワイン造り、さらにはイタリアのワイン造りを大きく変えたワインに「サッシカイア」がある。このワインは、一九六八年、トスカーナのワイン造りに新しい一ページを切り開いたワインだが、ボルドーから運ばれたカベルネ種から造られる。競馬馬の関係からフランスのロスチャイルド家と親しくなり、その苗を譲り受けたのが始まり。長期の熟成に耐えるこのエレガントなワインは世界に知られるワインになった。

このほかボルゲリの北に位置するモンテスクダイオ、南に位置するヴアル・ディ・コルニアでもサンジョヴェーゼ主体にカベルネ・ソーヴィニヨン、メルローなどを加えた興味深いワインが造られるようになっている。

キアンティ
CHIANTI

トスカーナの中心を成すワインはやはりキアンティである。キアンティと古くからこのワインが造られてきたキアンティ・クラッシコは、現在別のＤＯＣＧとして区別されているが、キアンティは毎年一億本、キアンティ・クラッシコは三〇〇〇万本生産されている。生産地域もフィレンツェ、シエナ、アレッツォ、プラート、ピサ、ピストイアの六つの県の広い地域で、キアンティ、キアンティ・クラッシコのほか、七つの指定地域を加え、さらにリゼルヴァを合わせると一八種のキアンティが存在する。地域によって多少規定は異なるが、サンジョヴェーゼ種主体でカナイオーロ種ほかを加えて造る。カベルネ・ソーヴィニヨンやメルローも一〇パーセントまで加えてよいことになっている。

ワインは生き生きとしたルビー色で、熟成に従いガーネット色を帯びてくる。スミレの花などの個性的でワインらしい香りを含み、なめらかで酸を感じさせる心地好い飲み口のワインになる。ワインの種類や熟成度合いによって異なるが、一般的には食事を通して楽しむことのできるワインで、フィレンツェ風トリッパやリボッリータなどの豆料理のほか、「ビステッカ・アッラ・フィオレンティーナ（フィレンツェ風Ｔボーンステーキ）」にもよく合う。熟成を経たものは、猪の煮物やジビエ料理、熟成させたペコリーノチーズなどにも合う。

ブルネッロ・ディ・モンタルチーノ
BRUNELLO DI MONTALCINO

ブルネッロ・ディ・モンタルチーノのワインは、ほかのトスカーナ地方のワインに比べ、その歴史は浅く、一五〇〇年ほどである。一八六〇年代、モンタルチーノに住むクレメンティ・サンティを中心とするグループがサンジョヴェーゼ種のクローンからサンジョヴェーゼ・グロッソ種（ブルネッロ種）を生み出した。

　このブドウから造られるワインは、ブルネッロと呼ばれるように色が濃く、しっかりした構成で力強いワインになる。石灰質土壌を好むデリケートなブドウである。一八六九年、モンテプルチャーノ農業博覧会で金賞を得たのがこのワインの出発点となっている。ワインは濃いルビー色で力強く、スミレや赤い果実、スパイスなど複雑性に富む香りがあり、しっかりとしたタンニンを含む。

　この濃い味わいのワインには、地元では「スコッティーリア」などトマトとトウガラシで味付けした肉の煮込み料理や「スペッツァティーノ（小口切りした肉の料理）」、赤身肉のロース、ジビエ料理、熟成させたペコリーノやパルメザンチーズなどを合わせる。

ヴィーノ・ノビレ・ディ・モンテプルチャーノ

VINO NOBILE DI MONTEPULCIANO

　このワインの歴史は古く、このワインが実際に売り買いされた一四世紀の記述が残されている。また、この土地の貴族、ランチェリオがローマ法王パオロ三世に仕え、御用達ワインになっていた。一七世紀後半、作家フランチェスコ・レディは著書『バッコ・イン・トスカーナ』の中で、「モンテプルチャーノは全てのワインの王」と記した。こうしたストーリーの中から、このワインに「ノビレ（高貴）」という言葉が付け加えられた。この地方でプルニョロ・ジエンティーレと呼ばれるサンジョヴェーゼ・グロッソ種主体で造られるこのワインは、ルビー色で繊細で上品なスミレの香りを含み、タンニンのバランスもよい調和の取れたワインになる。

　「アリスタ」と呼ばれる豚肉をニンニク、ローズマリーなどで味付けしてローストした料理や肉類の煮込み料理のほか、肉類のグリル、野鳥の料理、熟成させた辛口チーズなどに合う。

ヴェルナッチャ・ディ・サン・ジミニャーノ

VERNACCIA DI SAN GIMIGNANO

　サン・ジミニャーノは、フィレンツェからシエナに向かう途中に位置し、中世からの塔のある街として知られる。ワインの生産量はそれほどでもないが、トスカーナを代表する白ワインである。一三世紀にリグーリア地方のチンクエ・テッレにあるヴェルナッツァにギリシャから運ばれた品種が起源ではないかといわれている。一六世紀にはよく知られるワインになり、ダンテの『神曲』やボッカチオの『デカメロン』にも登場している。

このワインには、甘口やリクオローゾもあるが、辛口は濃い麦わら色をしており、熟成に従い、黄金色を帯びる。上品な白い花の香りを含み、しっかりとしたアロマと後口にほろ苦さが残る、しっかりとした味わいのワインである。イカやエビのフライ、焼き魚あるいはこの地方の名物料理で薄切りのパンとトマト、タマネギ、バジリコなどをオリーブオイルと混ぜて味付けした料理や鶏肉、仔牛肉、豚肉などの白身肉のソテーにも合う。また、あまり熟成の進んでいない中程度の熟成度のペコリーノチーズにもよく合う。

マルケ州

マルケ州はイタリア半島の中東部に位置し、北はエミリア・ロマーニャ、西はトスカーナ、ウンブリア、南はアブルッツォ、ラツィオと接し、東はアドリア海に面している。

人口一四〇万ほどの小さな州だが、農業は重要な産業になっている。内陸にはアペニン山脈が走り、海からと山からの風が生み出すミクロ・クリマと大きなうねりをもつ丘陵地が特徴である。アンコーナを中心に、古くはギリシャとの交易があり、アペニン山脈の向こう側のエトルリアとの中間にあって、商取引が得意なピチェーノ人によって発展し、この地方の農産品も多く輸出してきた。もともと魚の形をした瓶で知られる白ワイン、ヴェルディッキオを中心とする白ワインの産地としての位置付けにあったが、近年DOCGに認められたコーネロのような赤ワインでも知られるようになった。またカステッリ・ディ・イエージ・ヴェルディッキオ・リゼルヴァ、ヴェルディッキオ・ディ・マテリカ・リゼルヴァ、オッフィーダ、発泡性の赤ワイン、ヴェルナッチャ・ディ・セッラベトローナなどのワインもＤＯＣＧに認められている。

コーネロ

CONERO

アンコーナ県のアドリア海沿いのコーネロ山を中心とする丘陵地帯で造られるこのワインは、モンテプルチャーノ種八五パーセント以上で造られる。紀元前三世紀、カルタゴの将軍ハンニバルが、アルプス山脈を越えてこの地に着いた時、病気に罹った馬にこのワインを飲ませたというエピソードが残るほど古くから知られるワインであった。

しっかりとしたルビー色で、独特のワイン香を含み、ソフトでなめらかなタンニンがあり、心地好い飲み口のワインになる。チェリーやマラスカ、リコリスなどの香りを含む。

コーネロの名前はアンコーナ湾を見守るコーネロ山に由来するが、古くはこの地方に昔から自生していた西洋コケモモ、海桜（コマロヌ）の呼び名から派生したといわれる。

古代ローマの学者プリニウスは、「アドリア海沿いで最もすぐれたワイン」と記している。

多くの料理と合わせることのできるワインで、ラグーソースのパスタ、内臓を使ったラザーニャ、この地方のウサギや仔豚などのスパイシーな料理、熟成させたものは、赤身肉のステーキやジビエ料理、この地方産の熟成フォルマッジョ・ディ・フォッサなどにも合う。

ヴェルディッキオ・デイ・カステッリ・ディ・イエージ

VERDICCHIO DEI CASTELLI DI JESI

マルケ地方を代表するこのワインの歴史は古く、古代ローマで既に知られる名前であった。アンコーナ県のイエージを中心とする地域で造られる。

ヴェルディッキオ種は、古い品種で、ブドウの色がヴェルデ（緑）であったことからこう呼ばれるようになった。トレッビアーノ・ディ・ソアーヴェやルガーナなどの品種に近い品種である。ワインは緑色がかった麦わら色で、アーモンドの香りを含み、アロマがあって、酸もしっかりしており、後口にわずかに苦みを残す。瓶の形から魚料理用ワインというイメージが確立されているが、食事を通して楽しむことのできるワインである。軽いアンティパストから魚介類のリゾット、野菜と魚を使った料理、卵料理、あるいは魚介類のスープ、マリネ、フライなどにもよく合う。
　熟成させたものは白身肉のソテーや若いペコリーノチーズに合わせることができる。

ヴェルディッキオ・ディ・マテリカ
VERDICCHIO DI MATELICA

　ヴェルディッキオ・デイ・カステッリ・デイ・イエージと同様の品種から造られるが、出来上がったワインはかなり違ったものになる。

　また、このワインは生産量も少なく、イエージの一〇分の一の量である。内陸の気候の厳しいところで造られるこのワインは、海に近いイエージと違い、深い谷間の石灰質を多く含んだ上地で造られるため、酸がしっかりしていて独特のアロマを多く含み、ミネラル分を感じさせる辛口ワインになる。「ズッパ・ディ・ペッシェ」などの魚介類のスープや魚介入りリゾット、魚のグリルなど、少し塩や味付けが強い魚料理に合わせるとこのワインの本領が発揮される。海産物のほか、白身肉や若い硬質チーズなどにも向く。

ウンブリア州

　ウンブリア州は、イタリア半島のちょうど真ん中に位置し、海に面していない州だが、緑が多いことから「イタリアの緑の心臓」と呼ばれている。アペニン山脈の西側に広がる盆地を中心とする地域で、人口は八〇万人程度で、トスカーナ州の四分の一に過ぎない。
　気候的にもトスカーナ州と似ているため、比較されることが多いが、あまり知名度が高いとはいえない州である。
　しかし、ローマに通じる交通の要所であることから、古代ローマの時代や中世には重要な位置付けにあった。また、イタリアの守護聖人、聖フランチェスコの町として知られるアッシジ、州都ペルージャ、スポレートなど中世に栄えた美しい都市国家であった都市が多く点在しているのもこの州の魅力である。
　農業は集約型で行われているが、ワインの生産地としても古くから知られ、トルジャーノ・ロッソ・リゼルヴァやモンテファルコ・サグランティーノはＤＯＣＧワインに認められている。白ワインでは古くから造られるオルヴィエートが知られている。ペルージャに近いトルジャーノには、世界に知られるルンガロッティワイン博物館がある。この博物館のコレクションは、世界的にも貴重なものになっている。

トルジャーノ・ロッソ・リゼルヴァ

TORGIANO ROSSO RISERVA

一九六八年にＤＯＣに認められ、一九九〇年にＤＯＣＧに昇格した。

トルジャーノの町の大地主であったジョルジョ・ルンガロッティの努力によってＤＯＣＧに認められたといっても過言ではないワインである。この地ではすでに古代ローマの時代にブドウが植えられていたといわれるが、中世のベネディクト派修道院に多く記録が残されている。サンジョヴェーゼ種七〇パーセント、カナイオーロ種ほか三〇パーセントで造られるワインはルビー色で熟成に従いガーネット色を帯びる。上品なスミレやスパイスの香りを含み、調和の取れたワインで、よい年のものは数一〇年の熟成に耐える。サラミやペコリーノやパルメザンなどの熟成硬質チーズに合う。この地方では「ポルケッタ・ディ・マイアリーノ（仔豚の詰め物料理）」に合わせる。また、赤身肉のロースト、熟成を経たワインは野鳥の料理にも合う。

モンテファルコ・サグランティーノ

MONTEFALCO SAGRANTINO

このワインは、ペルージャの南、アッシジからスポレートにかけての地域で最も標高の高いことから「ウンブリアの手すり」と呼ばれるモンテファルコの丘陵で造られる。サグランティーノ種一〇〇パーセントで造られるが、この品種の由来は定かではない。中世にはすでにモンテファルコで栽培されていたといわれるが、フランチェスコ派の修道士がポルトガルからもち帰ったという話もあれば、プリニウスの著書にある「イトゥリオーラ」という品種が起源であるという説もある。いずれにしても、長い間この地方独自の品種として教会で守られてきた。古くは甘口ワインにされていたが、近年しっかりとした辛口ワインとして評価され、一九九三年、辛口、甘口ともにＤＯＣＧに認められた。濃いルビー色でイチゴやラズベリーを思わせる甘い香りを含み、コクのあるワインになる。辛口は肉入りソースのパスタ料理から赤身肉のロースト、野鳥の料理、熟成チーズなどに向く。甘口は「チチェルキアータ（この地方の砂糖漬け果物とアーモンドを揚げ、蜂蜜をかけたドルチェ）」、「トルコロ（この地方のドーナツ型パンケーキ）」などのデザートに合う。

オルヴィエート
ORVIETO

オルヴィエートはウンブリア地方で最も古いワインといわれ、紀元前七世紀にエトルリア人によって造られていたといわれる。エトルリア人の作った凝灰岩の洞窟のなかの温度の低いところで保存されたため、発酵が進まず、糖分を残した甘口となっていたことから、今日でも甘口から辛口まで四種のワインがDOCに認められている。以前はプロカニコと呼ばれるトレッビアーノ種主体であったが、今日ではグレケット種主体で造られるようになっている。

やや濃いめの麦わら色で、上品で快い花の香りを含み、まろやかな味わいで後口にわずかに苦みのあるワインになる。辛口は甲殻類を中心に海産物のフライや魚のグリルなどの料理、卵料理、しっかりとした味わいのスペリオーレは、白身肉のソテーなどの料理にも合う。薄甘口、中甘口はビスケットやドルチェに、甘口は各種ドルチェほか、フォアグラやゴルゴンゾーラなどの青カビチーズにも向く。

このほかウンブリアには、各地の丘陵地帯や湖の周辺で造られるDOCワインがあるが、赤はサンジョヴェーゼ種主体、白はトレッビアーノ種、グレケット種主体で造られる。

黒トリュフを使ったギオッタソースのほかは、トマトやラグーのソースを使った「フラスカレッリ」や「ウンブリチェッリ」などの手打ちパスタの料理が多く、手頃な価格の地元の赤ワインを合わせることが多い。

アブルッツォ州

アブルッツォ州は、イタリアの中東部に位置する州で、東はアドリア海に臨み、北はマルケ州、南はモリーゼ州と接している。もともとは、

モリーゼ州を含む州であったが、一九六五年に二つの州に分かれている。現在では中部イタリアに分類されているが、以前は南イタリアに含まれていた。

州の中央には、三〇〇〇メートル級のグラン・サッソがそびえ、海岸線を除いてほとんどの地域が山岳地帯となっている。ブドウのほかオリーブ、果物などの農産物があるが、近年モンテプルチャーノ種から造られる赤ワインは、コストパフォーマンスが高いことから、数年で生産量が倍増している。この赤ブドウを使って造られるコッリーネ・テラマーネがDOCGワインに認められているが、DOCではモンテプルチャーノ・ダブルッツォとトレッビアーノ・ダブルッツォのワインが主力で、もう一つのDOC、コントログエッラの生産量はわずかである。

モンテプルチャーノ・ダブルッツォ・コッリーネ・テラマーネ

MONTEPULCIANO D'ABRUZZO COLLINE TERAMANE

DOCモンテプルチャーノ・ダブルッツォを生産する地域はアブルッツォ州全域に及び、生産量は多いものの品質の差が大きかったが、二〇〇三年、テラーモ県の丘陵地コッリーネ・テラマーネがDOCGに昇格した。モンテプルチャーノ種九〇パーセント以上、サンジョヴェーゼ種一〇パーセント以下で造るこのワインは、しっかりとしたタンニンを含む、力強い長熟ワインとなる。

スミレがかったルビー色で熟成に従いオレンジ色を帯びてくる。ブドウの果実の香りを残し、心地好いスパイス香を含む辛口赤ワインである。

赤身肉のグリルやローストに向くが、この地方の名物料理「アニェッロ・アル・コットゥーロ（仔羊肉の煮物料理）」やジビエ料理、ペコリーノなどの熟成チーズにも合う。

モンテプルチャーノ・ダブルッツォ

MONTEPULCIANO D'ABRUZZO

モンテプルチャーノ種のブドウは近年までサンジョヴェーゼ種の異種といわれてきたが、今日では独自のブドウとして人気を得ている。イタリアの中部から南部にかけてのアドリア海側に多く植えられ、ワインにすると濃いルビー色になり、ブドウの香りを含む果実味の豊かなワインになる。

このワインは若いうちはトマトや肉類のソースを使ったパスタ料理や白身肉のグリル、サラミ類に向くが、熟成させたものは赤身肉のグリルやステーキ、煮物にも合う。

このブドウから造られるロゼは、この地方でチェラスオーロ（CERASUOLO）と呼ばれるが、これはワインの色が桜の花の色に似たロゼであるためで、シチリアのチェラスオーロ（赤ワイン）とは異なる。このロゼはサラミやハムに向くが、白身肉のグリルやローストのほか、「ズッパ・ディ・ペッシェ（魚介類のスープ）」や脂肪分の多い魚の煮物料理にも合う。

トレッビアーノ・ダブルッツォ
TREBBIANO D'ABRUZZO

古代ローマの歴史家プリニウスは、このワインの始まりはカラブリア州のトレーヴィであると記し、この地方では一六世紀までこのワインのことを「トレブラヌム」と呼んできた。一九六〇年代にDOCに認められ、ボンビーノ・ビアンコ（トレッビアーノ・ダブルッツォ）、トレッビアーノ・トスカーノ主体で造られる。

ワインは麦わら色でリンゴなどの熟成果実の香りを含み、なめらかで風味があり、後口にわずかに苦みを含む辛口になる。前菜から野菜を使ったパスタやリゾット、魚料理、卵料理など多くの料理に合わせることができ、食事を通して楽しめるワイン。プロヴォローネなどの若いチーズにも合う。

モリーゼ州

モリーゼ州は面積も少なく人口もわずか三二万人と日本の地方都市ほどの人口である。海に面しているにもかかわらず、内陸的な印象の強い州で、農業と畜産業が中心である。また、海外への移民が多い州でもある。

ワインはアブルッツォ州と同様、モンテプルチャーノ種主体の赤とトレッビアーノ種主体の白からなるDOCモリーゼとビフェルノが主要なものである。ほかにペントロ・ディゼルニアがあるが、このワインはイタリアにおいてもほとんど見かけることがない。

カンポバッソ県のビフェルノ、モリーゼがこの州を代表するワインで

ある。

赤はモンテプルチャーノ、アリアニコが主体であり、白はトレッビアーノ・トスカーノ、ボンビーノ・ビアンコ、ファランギーナ、マルヴァジアなど、ティレニア海側のブドウも入ってきているが、近年ピノ・ビアンコ、ソーヴィニヨン、シャルドネなどの品種を使ったワインも造られるようになってきている。

赤は「コニーリオ・アッラ・モリザーナ（モリーゼ風ウサギ肉の串焼き）」に代表される肉類のローストやグリルに合う。また白は新鮮な辛口が多く、ハムや野菜入りリゾットや卵料理、魚料理に合わせることができる。

ラツィオ州

ラツィオ州はイタリアの中西部、ティレニア海沿岸に位置し、東にはアペニン山脈があり、北はトスカーナ、南はカンパーニア州と接し、オルヴィエートなどのワインはウンブリア州境で造られている。
州都は、ローマ帝国の中心であり、キリスト教の総本山として知られる永遠の都、ローマ。気候が穏やかで緑豊かな丘陵地帯には小麦畑のほか牧畜地帯が広がり、一部で白ワイン用のブドウやオリーブが栽培されている。
赤ワインは、これといって知られるワインはないが、白では辛口から甘口までをもつフラスカティや歴史上のエピソードで知られるワイン、エスト！エスト!!エスト!!!などがある。その多くはトレッビアーノ種、マルヴァジア種主体で造られる白ワインである。ローマ周辺のカステッリ・ロマーニの丘陵地帯では軽めの白ワインが多く造られるが、一七〇〇万本生産するフラスカティ中心である。北部のアルト・ラツィオは、カステッリ・ロマーニよりも面積が広く、多くのDOCをもつが生産量はあまり多くない。ウンブリアとの州境で造られるオルヴィエートをはじめ、その南にはエスト！エスト!!エスト!!!ディ・モンテフィアスコーネ、チェルヴェテーリなどのDOCがある。

また南部はアプリーリアやチルチエオなど、海岸線に開かれた平野がある。赤で唯一個性を示しているのはチェザネーゼ種である。

フラスカティ
FRASCATI

古くからローマ人に愛されてきたワインで、古代ローマのアウグストゥス帝の時代に多く造られるようになり、その後、戦乱の時代に畑は荒れ果てたが、教会や修道院によって守られ、一六世紀にはローマ法王パオロ三世に大変好かれたといわれる。

当初苗はアルベレッロ方式に植えられていたが、一九世紀末には棚式に植えられた。二〇世紀に入ると、イギリスほかの国にも運ばれるようになった。今日でも、ローマ一の繁華街、トラステヴェレのお祭りの際にはこのフラスカティが振る舞われる。

ワインはマルヴァジア種とトレッビアーノ種七〇パーセント以上で造られ、輝くような麦わら色。甘口は琥珀色を帯びる。上品で個性的な白ブドウの果実を思わせる香りを含む。辛口は酸がしっかりしているが、甘口はまろやかでなめらかな味わいのワインになる。アマービレ(中甘口)、カンネッリーノ(甘口)、ドルチェ(甘口)、そのほかノヴェッロ(新酒)、スプマンテ、スペリオーレがある。

辛口は多くの料理に合わせることができる。前菜から魚ベースのパスタやリゾットなど食事を通して楽しむことができる。また、アルコール度数の少し高いスペリオーレは、ローマの名物料理、仔牛の薄切り肉にハム、チーズをはさんでソテーした「サルティンボッカ」にも合う。中甘口、甘口は、リコッタチーズを使ったタルトやレーズン入りの菓子パン、マリトッツオなどに合う。

カンパーニア州

カンパーニア州は、イタリア南部のティレニア海に面する州で、ちょうどイタリア半島のスネにあたる部分に位置する。海沿いにラツィオ州、バジリカータ州と接し、内陸部でモ

リーゼ、プーリアの両州と接する。州都のナポリは、古くから多くの民族の侵略を受け、その度にさまざまな異文化が取り込まれ、独特の文化が育まれてきた。特に食に関しては、イタリアの食の宝庫といえる地方である。

　また、カプリ島、ポンペイを中心に世界有数の観光地としても知られるが、ナポリ周辺では工業のほか、農業も盛んに行われている。

　この地方のワイン造りの歴史は古く、現在でもヴェスーヴィオ火山の麓に植えられたブドウから造られるラクリマ・クリスティ・デル・ヴェスーヴィオは世界に知られるワインである。内陸部のアヴェッリーノを中心とする地域では、タウラージ、フィアーノ、グレコ、アリアニコ・ディ・タブルノの四つのＤＯＣＧワインが造られており、イタリアでも指折りの上質ワインの生産地となっている。

タウラージ

TAURASI

　ナポリから内陸に六〇キロほど入ったアヴェッリーノの街周辺で古くから造られるワインで、バローロ、バルバレスコと比較され、南イタリアを代表する長熟赤ワイン。南イタリアで最初のＤＯＣＧに認められたワインである。タウラージとは、このワインが造られる地域名で、アリアニコ種八五パーセント以上、ピエディロッソ種一五パーセント以下で造られる。アリアニコの名前は、「ヘッレニカ」つまり「ギリシャ伝来のブドウ」を意味し、古代ローマ時代にギリシャから伝わった品種で、一五世紀末のナポリ王国、アラゴン王朝期にこう呼ばれていた。一九七〇年ＤＯＣに、一九九三年にＤＯＣＧに認められている。ワインは濃いルビー色で熟成に従いガーネット色を帯びる。スパイスの香りを含む独特で濃密な香りがあり、酸がしっかりとしていてタンニンも十分に感じられる力強い長熟ワインである。赤身肉など肉類のローストに向くが、「ビステッカ・アッラ・ピッツァイオーラ（トマトとニンニクで味付けした牛肉のソテー）」や肉類の煮込み料理にも合う。熟成をさせたものはジビエ料理やペコリーノチーズなどの熟成硬質チーズによく合う。

フィアーノ・ディ・アヴェッリーノ

FIANO DI AVELLINO

　古代ローマ時代から造られていたワインといわれ、古くは「アピアヌムAPIANUM」あるいは「ヴィーノ・アッピアーノVINO APPIANO」と呼ばれていた。アピ（蜂）が寄ってくるほど甘いブドウであったことからこう呼ばれた。二〇〇三年産からDOCGに認められるこのワインは、標高五〇〇メートル、火山性の土壌で栽培されるブドウを使用するが、内陸部の冷涼な気候のため、ブドウの収穫は一〇月と北部と変わらない。糖度が高くなるブドウであるため、発酵温度の調節が難しく、ガスを含むワインにされていたが、アヴェッリーノ農学校ほかの努力により、今日のような辛口長熟ワインが完成した。

ワインは濃いめの麦わら色で、マスカットや熟したフルーツ、ヘーゼルナッツのような香りを含み、調和の取れた辛口になる。イワシを使ったパスタ料理やガルム（魚醤）を使った、しっかりした味付けの魚料理、また、スフレや軟質チーズなどにも向く。

グレコ・ディ・トゥーフォ
GRECO DI TUFO

このワインは、ナポリから内陸に入ったアヴェッリーノからさらに先のベネヴェントにかけての丘陵地帯で造られるワインで、二〇〇三年産からフィアーノ・ディ・アヴェッリーノ同様DOCGに昇格した。スプマンテもDOCGに認められている。このワインに使われるグレコ種は、ギリシャからナポリに運ばれた。最初はヴェスーヴィオ火山の麓に植えられ、アミネア・ジェミナ・マイヨールと呼ばれた。多くの学者がこの名前を記している。トゥーフォと呼ばれる凝灰岩の土壌で造られることから、こう呼ばれるようになった。

ワインは濃い麦わら色で、ピーチやヘーゼルナッツの香りを含み、わずかに苦みを感じる辛口。イセエビのグリルやムール貝の蒸し焼き、甲殻類や魚介類のスープ、トマトを使ったパスタ料理、カンパーニア地方の名物料理「アックア・パッツァ」などにも合う。また、プロヴォローネやペコリーノなどの若いチーズにも向く。

ラクリマ・クリスティ・デル・ヴェスーヴィオ
LACRYMA CHRISTI DEL VESUVIO

カンパーニア州で最もよく知られるこのワインは、DOCヴェスーヴィオのアルコール分が一二パーセントを超える上級品で、赤、白、ロゼともにラクリマ・クリスティと呼ばれている。伝説から名付けられた名前であるが、ヴェスーヴィオ火山の麓に植えられたブドウが幾多の噴火に耐え、その生命力の強さから名付けられたともいう。

　白はコーダ・ディ・ヴォルペ種、赤はピエディロッソ種から造られる。白はミネラルを感じる辛口で、トマトソースのパスタや魚介類のリゾット、海産物のグリルなど多くの料理に合わせることができる。一方の赤は、しっかりしたルビー色で調和の取れた味わいのワインになる。白身肉の料理や「ティンバッロ（タンバル型に作った米やパスタを詰めてオーブンで焼いた料理）」や中程度の熟成のペコリーノチーズなどに合う。

　この州にはほかに、ファレルノ・デル・マッシコのように古くから造られているワインもある。カンパーニア州は独自の土着ブドウを守り続ける、イタリアでも数少ない州で、伝統料理との組み合わせも多く残されている地方である。

バジリカータ州

バジリカータ州は、イタリア半島のちょうど土踏まずにあたる地域で、東はターラント湾、南はティレニア海、北はプーリア、南はカラブリア州に接している。古くは「ルカニア」と呼ばれ、ルカノアルペン山脈と、そこに広がる丘陵地帯からなる州だが、乾燥した土地が多く、海沿いの地域を除いて今日でも開発の遅れた地域である。農業が中心で、穀物のほか、オリーブの栽培と牧畜が主な産業だが、近年、野菜の栽培や酪農も行われるようになってきている。

　古代ギリシャ時代からブドウの樹が植えられていた土地であるが、今日ではヴルトゥレ山の南西部の火山性の丘陵で造られるアリアニコ・デル・ヴルトゥレのみが知られる。

アリアニコ・デル・ヴルトゥレ
AGLIANICO DEL VULTURE

　バジリカータ州には、ヴルトゥレのほか、ポテンツァ県のモリテルノ周辺でメルロー、カベルネ・ソーヴィニヨンを主体とする赤とロゼを造るテッレ・デッラルタ・ヴァル・ダグリというDOCがあるが、この州のワインとしては、アリアニコ・デル・ヴルトゥレに集約される。

品種としては、アリアニコのほか、モンテプルチャーノ、サンジョヴェーゼ、マルヴァジア、トレッビアーノなどが作られている。

ポテンツァ県のヴルトゥレを中心とする地域で、アリアニコ一〇〇パーセントで造られるこのワインは、ルビー色で熟成に従いガーネット色を帯びる。繊細で独特の香りを含み、辛口から中甘口までがある。また、スプマンテもある。しっかりと造られた辛口は長期の熟成に耐える。

辛口は肉類のローストやステーキに向くが、地元の料理、ポテンツァ風鶏肉の料理、仔牛レバーの料理などにも合う。また、リゼルヴァなど熟成タイプのワインは、野鳥や野ウサギなどのジビエや赤身肉のロースト、肉の煮込み料理、ペコリーノなどの熟成硬質チーズなどに合う。

プーリア州

プーリア州はイタリア半島の長靴の踵にあたる州で、北側と南半分がアドリア海とターラント湾に臨む長い海岸線をもつ。また、北西はモリーゼ州、西南はカンパーニア州、西はバジリカータ州と接する。古くからギリシャ、ローマ、ビザンチンと、多くの人種に支配された地域だが、今日でも海を隔てたマケドニアや旧ユーゴスラビアなどの国々からのボート難民も多い。

この州は肥沃で広大な平野をもち、そこでは、オリーブ、ブドウ、小麦、果樹などが多く生産され、特にオリーブオイルは全イタリアの半分以上を生産している。また、ワインもシチリア、ヴェネトと並び、毎年トップの生産量を競っている。古くからブドウが作られていた土地であり、多くのDOCワインをもつが、なかでも、サリチェ・サレンティーノ、プリミティーヴォ・ディ・マンドゥーリア、カステル・デル・モンテなどが知られている。

カステル・デル・モンテ
CASTEL DEL MONTE

州都バーリの西に位置するコラートを中心とする地域で造られるこのワインは、一四世紀初頭、既に知られるワインであった。カステル・デル・モンテというのは、一三世紀中葉、この土地を治めたフェデリーコ二世が鷹狩り用に作った正八角形の珍しい城。城の上に登ると、海までの見晴らしは素晴らしく、周辺にはブドウの樹とオリーブの木が交互に植えられている。

最初はウーヴァ・ディ・トロイア、ボンビーノ・ネロから造られる赤のみだったが、後に白、ロゼが加わった。白はパンパヌート、トレッビアーノ、シャルドネ、ボンビーノ・ビアンコなどから造られるが、上品で新鮮な辛口になる。前菜から魚料理、甲殻類などに向くが、この地方の小魚のフライやトマトを使ったパスタ料理にも合う。赤は調和の取れた心地好いワインで、赤身肉のグリルや硬質チーズ、サラミなどに向く。ロゼは、赤と同様のブドウから造られるが、前菜から野菜料理、この地方の名物料理で「ティエッラ」と呼ばれる浅鍋で煮たり焼いたりした料理や魚介類のスープに合う。

サリチェ・サレンティーノ

SALICE SALENTINO

近年人気のネグロアマーロ種を七五パーセント以上使用し、マルヴァジア・ネーラなどの品種を加えて造られるこのワインは、レッチェ県サリチェ・サレンティーノを中心に造られる。フルーツ香を残し、軽いスパイス香を含み、わずかに後口に苦みを残すワインとなる。

近年までその多くが北にバルクワインとして売られてきたが、ＤＯＣに認められてからは、その生産量が年々大きく増えてきている。前菜から肉入りソースのパスタ、肉類のローストなど食事を通して楽しむことのできるワインである。熟成したものは、ブラザート(肉の煮込み料理)や熟成辛口チーズなどにも向く。このＤＯＣにはロゼやロゼのスプマンテも認められているが、なめらかな辛口で、パスタ料理や白身肉の料理に合う。

プリミティーヴォ・ディ・マンドゥーリア

PRIMITIVO DI MANDURIA

プーリア州南部のターラント県とブリンディシ県のマンドゥーリアを中心とする地域で造られる。ベースとなるプリミティーヴォ種は、カリフォルニアに運ばれ、ジンファンデルと呼ばれる品種になった。ワインはスミレ色を帯びた鮮やかなルビー色で、独特の個性的な香りを含み、アロマを含んだまろやかな味わいのワインになる。辛口から甘口、アルコールを加えたリクオローゾまであるが、この地方ではこれらのワインをTPOに合わせて飲む。独特の香りと味わいのあるワインで、辛口は一七℃程度、甘口は一四℃程度がよい。辛口は豚肉などの白身肉のソテー、リキュールタイプの辛口はジビエ料理、甘口は各種デザートのほか、食事外にも楽しむことができる。

プーリア州のロゼワイン

プーリア州は、古くはロゼワインの産地として知られていた。ベースになるブドウにはネグロアマーロやマルヴァジア・ネーラが使われる。もともとこの地方のワインは、ネグロアマーロ主体の非常に重いワインで、アルコールも高いワインが多かったため、これを軽くすべくロゼワインが造られるようになった。そして、このロゼは果実味があり、シンプルで若飲みのワインとして世界中で人気を得たため、プーリア州のワイン造りにとって重要な役割を果たしてきた。

若飲みがほとんどで、白ワイン同様一〇℃程度に冷やして食事を通して楽しむことができる。この地方の野菜と魚の料理や肉類の網焼き、バーリ風の米とムール貝のオーブン焼き、カブの葉と空豆の料理、オレッキエッテのラグーソース、仔羊の内臓のはさみ焼きなど、地元の料理に欠かすことのできないワインとなっている。

カラブリア州

カラブリア州は、イタリア半島の長靴のつま先にあたる州で、北はバジリカータ、南は海を隔ててシチリア島を望み、西はティレニア海、東はイオニア海に囲まれている。

西のティレニア海側では、柑橘類やイチジクなどの果実栽培が盛んで、イオニア海に臨む地域では、カタンツァーロ県を中心にガリオッポ種を主体とする赤ワインが造られている。なかでもチロ・ロッソは、古くから知られるワインで、長期の熟成に耐えるワインになる。

また、この地方は「エノトリア（ワ

インの地）」と呼ばれ、古代ギリシャ時代、二五〇〇年前からブドウが植えられていた、ワイン造りの長い歴史をもつ地域であるが、今日、品質的にもそれほど存在感のある州ではない。地域は大別してイオニア海側とティレニア海側に分かれる。イオニア海側の地域では、カタンツァーロ県のチロを中心に古くからワイン造りが行われてきた。白はグレコ・ビアンコ種主体のワインが多く、赤、ロゼは、ガリオッポ種主体で、これにネレッロ・カプッチョ、アリアニコなどの品種が加えられることが多い。

　ガリオッポ種は、ギリシャ伝来の品種で、アリアニコやフラッパート種とも近い品種といわれている。ワインにするとアルコール度が高く、力強いワインになる。

チロ
CIRÒ

チロは、イタリアでは古くから知られるワインで、クロトーネの北に位置するチロ周辺で造られる。カラブリア州のDOCの九〇パーセント以上を生産し、州を代表するワインになっている。

　ガリオッポ種主体で造られるロッソは、ルビー色からバラ色まで色調はさまざまで、繊細で力強く、タンニンを感ずる辛口になる。肉類のローストや仔山羊の詰め物料理、半硬質チーズなどに向くが、若いものは「サルデッラ」と呼ばれる生の子イワシを塩と唐辛子で漬け込んだものによく合う。ロゼは、赤と同様のブドウから造られるが、オレンジ色を帯びた薄い桜色で繊細な花の香りの残る辛口になる。白身肉や肉入りのパスタ料理、若いチーズなどに合う。

　白はグレコ・ビアンコ種主体で造られるが、麦わら色がかった黄色で、独特の花の香りを含み、野菜料理やカジキマグロなどカラブリア州の料理に合う。食事を通して楽しむことのできるワインである。

シチリア州

シチリア島は地中海最大の島で、地中海の交通の要衝であり、豊かな島であったことから多くの多民族に

よる支配を受け、独自の文化が育まれてきた。シチリア島とその周辺の島からなるシチリア州は、北はメッシーナ海峡を隔てて本土のカラブリア州と対する。州都は北西部の海沿いの都市、パレルモ。島の内陸部は山がちで東部には富士山と似た形で標高三三〇〇メートルを誇るエトナ山があり、今でも火山活動が続いている。古くは緑の多い島だったが、サハラ砂漠からのシロッコ（熱風）の影響で、島の多くが乾燥した土地になった。

　この島におけるブドウ栽培の歴史は、イタリアで最も古いといわれ、紀元前八世紀には既にフェニキア人によってブドウが植えられていたといわれる。また、今日でもヴェネト州、プーリア州と並び、ブドウの生産量の多い州で、古くからのワインも多く残されている。以前は白ワイン主体であったが、近年ネーロ・ダヴォラ種をはじめとする土着品種を使った赤ワインが人気を得、長期熟成の可能性についても語られるようになっている。

マルサラ
MARSALA

　マルサラは、シチリア島で古くから造られる酒精強化ワインだが、その原料すべてに規定があり、イタリアの初期のDOCの一つである。シチリア島の西端の町、マルサラの名前は、アラーの神のマルス（港）に由来し、チュニジアから渡ってきたアラブ人が名付けた。

　マルサラ造りは、一七七三年、ソーダを作るのに必要なアーモンドの殻を買いにやって来たイギリス人、ジョン・ウッドハウスによって始められた。その後このワインを広く世界に知らしめたのは、当時キニーネ（薬）を売って得た金で海運業を興し、力のあったフローリオ社で、船を使ってマルサラを世界に広めた。マルサラは熟成年数によって、フィーネ（一年以上）、スペリオーレ（二年以上）、スペリオーレ・リゼルヴァ（四年以上）、ヴェルジネ（五年以上）に分けられる。また色によって、黄金色の「オーロ」、琥珀色の「アンブラート」、ルビー色の「ルビーノ」、さらに残糖度によってセッコ（辛口）、セミ・セッコ（中辛口）、ドルチェ（甘口）に分けられる。

　熟成期間の短いフィーネは、菓子やザバイオン、スカロッピーネなどの料理用に使われることが多く、甘口や中辛口のタイプは、シチリア名物で新鮮な羊乳のリコッタチーズで作る「カッサータ」や「カンノーリ」などのデザートによく合う。また、ヴェルジネや辛口のものは、よく冷やして食前酒、あるいは中程度の熟成のチーズに合わせることができる。

チェラスオーロ・ディ・ヴィットーリア
CERASUOLO DI VITTORIA

シチリア島の南部、ラグーザ県のヴィットーリアとカルタニセッタ県で造られる、シチリア最初のDOCGワイン。「チェラスオーロ」とはアブルッツォ地方ではロゼワインを指すが、ここでは赤ワインを指す。ケラソスという赤い実のなる低木が多くあることから、こう呼ばれるようになった。この地方でカラブレーゼとも呼ばれるネーロ・ダヴォラ種主体で、フラッパート種を加えて造られるこのワインは、濃いルビー色で、ブドウの果実の香りやザクロの香りを含み、しっかりとした味わいの赤ワインになる。若いうちは肉類のソースを使ったパスタ料理や白身肉の料理に合うが、熟成させたものは赤身肉のロースト料理に合う。

サルデーニャ州

サルデーニャ島は、シチリア島に次いで地中海で二番目に大きい島、イタリアにおいても独自の文化をもつ島といわれている。古くはフェニキア人の支配を受け、その後ローマ、ビザンチンなど、さまざまな権力の支配下におかれたことから、人々は美しい海岸線に住まず、内陸の山奥に羊とともに住み、星を見て暮らしたことによって独自の民族性が生まれた。

島全体が岩に覆われているため、昔から大きな木は生えず、またあまり豊かではなかった。しかし、近年コスタズメラルダに代表される美しい海岸線の開発が行われるようになり、リゾート地として知られるようになった。ワイン造りの歴史はそれほどなく、一九世紀にサヴォイア家の支配を受けるようになってから発展した。また、カンノナウ、カリニャーノ種などスペイン系の品種が多いのもほかの州との相違点である。ワインの生産量の五分の四が白で、ヴェルメンティーノ種が多い。

ヴェルメンティーノ・ディ・ガッルーラ
VERMENTINO DI GALLURA

一九九六年、サルデーニャ島で最初のDOCGに認められたワイン。島の北部から中部にかけてのサッサリ、ヌオーロを中心に造られている。ヴェルメンティーノ種で造られるこのワインは、薄い麦わら色から麦わら色で、白い花や果実の心地好いデリケートな香りを含み、辛口で後口にわずかな苦みを感じる。前菜から魚介類中心の料理であれば、食事を通して楽しむことのできるワインである。特に生ガキやイセエビなどに合うが、島の名物「アラゴスタ・アッラ・カタラーナ（カタルーニャ風イセエビのサラダ）」、「フリッティ・ディ・マーレ（海産物のフライ）」などの料理に合うほか、甲殻類や魚のグリル、「ズッパ・ディ・ペッシェ（魚介類のスープ）」などにも合う。

ヴェルメンティーノ・ディ・サルデーニャ
VERMENTINO DI SARDEGNA

サルデーニャ島全土で造られるワイン。ヴェルメンティーノ種八五パーセント以上で造られるこのワインは、魚料理全般に向くワインとして知られるが、フレッシュな辛口で、食前酒から食事を通して楽しむことができる。日本料理にもよく合うワインである。

カンノナウ・ディ・サルデーニャ
CANNONAU DI SARDEGNA

スペインからこの島に伝わったアリカンテ種がカンノナウと呼ばれるようになった。フランスではグルナッシュと呼ばれている。島の中部ヌオーロ県、南部のカリアリ県中心に造られる。ワインにすると濃いルビー色で熟成に従いオレンジ色を帯びてくる。ブドウの独特の香りと松ヤニのような香りを含み、余韻が長く、しっかりと造られたものは長期の熟成に耐えるワインとなる。

辛口、中甘口、甘口のほか、ロゼ、リクオローゾ（辛口、甘口）などあらゆるタイプのワインが造られている。若いうちは、あらゆる料理に合わせることができるが、熟成させたものは赤身肉のローストや猪肉のグリルなどに合う。甘口やリクオローゾは、チーズを使ったデザートや瞑想用にも向く。

カリニャーノ・デル・スルチス
CARIGNANO DEL SULCIS

このワインは、カリニャーノ種を使用し、島の南西部、スルチスを中心とした地域で造られる。濃いめのルビー色で、心地好い甘い香りを含み、果実味がある。島の名物、仔牛や小山羊のグリルなどに合うが、熟成させたものは肉類のロースト、ジビエ料理に向く。ロゼはサラミ類、半硬質チーズなどに向く。パッシートは、デザートのほか、食事外でも楽しむことができる。

このほか、島全体で造られるワインに、モニカ種から造られる白、モニカ・ディ・サルデーニャ（甘口から辛口）、モスカート種から造られるモスカート・ディ・サルデーニャ（甘口、リクオローゾ）がある。南部のカリアリ周辺では、ジロ種から造られる赤、ジロ・ディ・カリアリ（辛口、甘口、リクオローゾ）、マルヴァジア種から造られるマルヴァジア・ディ・カリアリ（辛口、甘口、リクオローゾ）、ナスコ種から造られるナスコ・ディ・カリアリ（辛口、甘口）、ヌラグス種から造られる辛口白ワインがある。北西部アルゲーロでは、独自の品種、トルバート種を使ったアロマのある白ワインなどが造られている。このように、この島ではほとんどのワインに甘口やリキュールタイプが認められており、個性の多い島の料理に合わせて、これらのワインが造られてきたことが想像できる。

イタリアの主なブドウ品種

イタリア半島では、古代ローマ時代以前からワインが造られ、その歴史は古く三〇〇〇年以上の歴史を誇る。南部ではギリシャから伝わったブドウが植えられ、エノトリア（ワインの地）と呼ばれていた。古代ローマ時代には、中部、北部、さらには今日のドイツ、フランス、スペインにもワイン造りが伝えられた。中世には都市国家が発展し、中部イタリアを中心に新しいワインが数多く生み出され、中世以降は逆に北イタリアにおいて周辺のドイツやオーストリア、フランスなどから新しい品種が流入した。地中海の島、サルデーニャ島には、スペインの南部のカタルーニャ地方からの移民が多く、いくつかのスペインの品種がもち込まれた。

イタリア半島は、北はアルプスの麓から南はアフリカに近いパンテッレリア島まで南北に長い国で、山がちであることから、地方によって気候、風土も大きく違い、同じ品種のブドウでも各地で別の名前で呼ばれるようになったものが多い。

気候や土壌によるブドウの生育の違い、あるいは製造方法の違いが、イタリア各地方特有の味と香りの異なったワインを生み出し、それが長い年月にわたって積み重なり、現在のような多種多様な品種、ワインをもつようになった。

また、ワインは古くからキリスト教において、〝パンはキリストの体、ワインはキリストの血〟といわれるように、キリスト教の儀式に用いられてきたことから、イタリア各地の教会では、独自にブドウを植えワインが造られてきた。この古くからの伝統がイタリア各地に残り、多くの品種、多くのワインが造られてきたのも事実である。こうしたことから、イタリアワインはイタリア全土で造られ、今日においてもたくさんの種類が造られている。

イタリアを三つに分けると、北イタリア、中部イタリア、南イタリアに分かれる。各地域は、その歴史、地理、地域性などから使われるブドウも大きく違っていた。北イタリアは、国境を接する、フランスやオーストリアなどの国から多くの品種が運ばれた。中部イタリアでは、紀元前のエトルリア時代から存在していたといわれるトレッビアーノ種やサンジョヴェーゼを中心にワインが造られてきた。南イタリアでは、ローマ以前からギリシャの影響を受け、多くの品種がギリシャから運ばれ、今日にも伝えられている。それでは、これらの地域の特性と使用品種についてみることにしよう。

北イタリア

北イタリアでは、ピエモンテ州におけるブドウ栽培の歴史が古く、イタリアワインの王様といわれるバローロやバルバレスコ、ガッティナーラやゲンメなどのDOCGとして認められるワインの原料となるネッビオーロ種が赤ワイン用品種として知られるが、このほか、日常ワインと

してこの地方の人々に親しまれるバルベーラ種やドルチェット種、グリニョリーノ種などがある。また甘口ワイン用としてブラケット種、辛口、甘口両方に使われるフレイザ、ボナルダ種などがある。

白ブドウでは、DOCGに認められるコルテーゼ・ディ・ガヴィ種、近年人気のアルネイス種、甘口スプマンテ、アスティの原料となるモスカート・ビアンコ種などがある。

モンブラントンネルでフランスと接するヴァレ・ダオスタ州では、ガメイ種やピノ・ネロ種、プティ・ルージュ種などの黒ブドウのほか、シャルドネ、ピノ・グリージョ、ミュッラー・トゥルガウ、マルヴォイヅィエ種など白ブドウが作られている。

海岸沿いにフランスと接するリグーリア州では、ヴェルメンティーノ、ピガート種などの白を主体にロッセーゼ、オルメアスコ種などの赤ワイン用ブドウが作られている。

ロンバルディア州では、ヴァルテッリーナ渓谷でキアヴェンナスカと呼ばれるネッビオーロ種から作られるヴァルテッリーナのワインがある。フランチャコルタでは、ピノ・ビアンコ、シャルドネ、ピノ・ネロ種から瓶内二次発酵させたスプマンテ、白ワインが造られるほか、赤ではバルベーラ、カベルネ・フラン、メルローなどの品種が作られている。

オルトレポー・パヴェーゼでは、赤はバルベーラ、白はシャルドネ、ピノ種を始め、北イタリアの多くの品種が作られる。

ヴェネト州では、ヴェローナ周辺でコルヴィーナ、コルヴィノーネ、ロンディネッラ種からヴァルポリチェッラ、バルドリーノなどの赤ワインが、ガルガーネガ、トレッビアーノ種からソアーヴェが造られるが、このほか、辛口スプマンテとして知られるプロセッコに使われるグレーラ種、シャルドネ、フリウラーノ、ピノ・グリージョ、リースリングなどの白、カベルネ、メルロー、ラボーゾなどの黒ブドウが植えられている。

トレンティーノ・アルト・アディジェ州では、二つのDOCのなかに六〇以上の種類のワインが認められている。古くからスプマンテ用のピノ・ネロ、シャルドネ種が作られ、ピノ・ビアンコ、ピノ・グリージョ、ソーヴィニヨン、トラミネルなどの白、スキアーヴァ、ラグレイン、メルロー、カベルネなどの品種が植えられている。

フリウリ・ヴェネツィア・ジューリア州もトレンティーノ・アルト・アディジェ州と同様にDOCの下に多くの品種が連なっている。白ブドウが主体で、フリウラーノ、ピノ・グリージョ、リースリング、マルヴァジア、リボッラ・ジャッラ、トラミネル、シャルドネ、リースリング、ソーヴィニヨン、ヴェルドゥッツォなど、赤ではメルロー、カベルネ、ピノ・ネロ、レフォスコ、スキオッペッティーノ種などがある。

エミリア・ロマーニャ州の北部、エミリア地方の平地では、サラミーノ、ソルバーラ、グラスパロッサなどのランブルスコ種から発泡性赤ワインが造られ、丘陵地帯ではバルベーラ、ボナルダ、メルロー種などの赤をはじめ、シャルドネ、トレッビアーノ、ソーヴィニヨンなどの白ブドウが植えられている。

また、南部のアペニン山脈に沿ったロマーニャ地方では、DOCGに認められるアルバーナ種、トレッビアーノ種などの白、サンジョヴェーゼ種主体の赤が造られている。

中部イタリア

アペニン山脈を境にエミリア・ロマーニャ州の南に位置する中部イタリアは、古くはローマを中心に栄え、中世にはフィレンツェをはじめとする都市国家が独自の文化で栄えた。

ワイン造りは、トスカーナ州を中心に盛んで、キアンティは世界で最もよく知られるイタリアワインといってもいいだろう。サンジョヴェーゼ種主体でカナイオーロ種ほかの品種が加えられる。

トスカーナ地方の中部から南部にかけては、赤はサンジョヴェーゼ種が多く植えられており、カナイオーロ種、モンテプルチャーノ種などと組み合わされることが多い。

サンジョヴェーゼ種は、あらゆる栽植法に適し、ルビー色でスミレの香りや果実味のあるワインになる。

サンジョヴェーゼ種を改良して作られたサンジョヴェーゼ・グロッソ種から造られるDOCGブルネッロ・ディ・モンタルチーノのワインは、長期の熟成に耐えることでよく知られる。

同様のブドウ、プルニョロ・ジェンティーレを使用したヴィーノ・ノビレ・ディ・モンテプルチャーノもDOCGに認められるワインだ。一九九〇年にDOCGに昇格したカルミニャーノは、キアンティに使うブドウのほか、カベルネ・ソーヴィニヨン種を加える。

このほかキアンティとほぼ同様のブドウを使用するワインには、DOCGモレッリーノ・ディ・スカンサーノ、モンテカルロ・ロッソ、モンテスクダイオなどがある。

白ブドウでは辛口のDOCGヴェルナッチャ・ディ・サン・ジミニャーノがあるが、ほかのほとんどの地域の白ワインはトレッビアーノ種が主体でヴェルメンティーノ種などが加えられる。

アドリア海側のマルケ州では、魚の形をしたボトルで知られるヴェルディッキオに代表される白ワインが造られる。ヴェルディッキオ種主体でトレッビアーノ種、マルヴァジア種などが加えられる。

一方、赤ではモンテプルチャーノ種、サンジョヴェーゼ種を使ったワインが多い。

イタリアの緑の心臓と呼ばれるウンブリア州は、海に面していないが、緑が多くゆったりとした丘陵地には、古くは紀元前八世紀のエトルリア時代からブドウが植えられていた。

プロカニコと呼ばれるトレッビアーノ種とグレケット種を使ったオルヴィエートは、ローマ法王にも愛飲されていた。ペルージャに近いトルジャーノの丘では、サンジョヴェーゼ種、カナイオーロ種からトルジャーノ・ロッソ・リゼルヴァが造られる。また、モンテファルコで造られるサグランティーノ種もDOCGに認められている。濃い赤色で木イチゴを思わせる個性的な香りをもつ。

このほかウンブリア地方では、トスカーナとほぼ同様のブドウが植えられている。

ローマを中心とするラツィオ州には、伝説をもつ白ワイン、エスト！エスト!!エスト!!!がある。トレッビアーノとマルヴァジア種から造られるが、同様の組み合わせでフラスカティが造られる。ローマでよく飲まれる白ワインだ。このほか、赤はサンジョヴェーゼ、モンテプルチャーノ、アレアティコなどの品種が多く植えられている。

アブルッツォ州では、ほぼ全土でモンテプルチャーノ種とトレッビアーノ種が作られ、広いDOCに属するが、質の上下差は大きい。

モリーゼ州は、赤はモンテプルチャーノ種、アリアニコ種、白はトレッビアーノ種が主体。バジリカータ州もアリアニコ種が主体。

南イタリア

ナポリを中心とするカンパーニア州は、アヴェッリーノ県を中心とする内陸部に古くからブドウが植えられ、DOCGに認められるタウラージは、アリアニコ種から造られる。またヴェスーヴィオ火山の麓では、ピエディロッソ種、白ではコーダ・ディ・ヴォルペ種が植えられ、ラクリマ・クリスティのワインを生み出している。このほか、白ではフィアーノ種、ファランギーナ種、グレコ種などが植えられている。

プーリア州は、多くの農産物を産出するが、ブドウの生産量も多く、白はパンパヌート種、トレッビアーノ種、ヴェルデーカ種が主体、赤はモンテプルチャーノ種、サンジョヴェーゼ種、プリミティーヴォ種、ネグロアマーロ種が主体で、白ワインでは、マルティーナ・フランカ、ロコロトンド、サン・セヴェロ、赤ではサリチェ・サレンティーノ、サン・セヴェロ、ロゼではカステル・デル・モンテなどのDOC、DOCGが知られている。

カラブリア州には、ガリオッポ種主体の赤とグレコ・ビアンコ種主体の白で知られるDOCチロのワインがある。

シチリア島は、イタリア最大のブドウの生産量を誇るが、古くはマルサラの原料となるカタッラット種、グリッロ種、インツォリア種のほか、主に甘口用の白ブドウとなるマルヴァジア種やモスカート種も植えられている。一方、赤用ブドウでは、近年チェラスオーロ・ディ・ヴィットーリアに使われるネーロ・ダヴォラ種やエトナ・ロッソに使われるネレッロ・マスカレーゼなどの品種が注目され、多く栽培されるようになった。また、ピニャテッロ種、フラッパート種なども植えられている。

最後にサルデーニャ島だが、この島にはスペイン、カタルーニャ地方から移植されたブドウが多く、カンノナウ種、カリニャーノ種などの黒ブドウのほか、白ではヴェルメンティーノ種、ヴェルナッチャ種、甘口ワイン用モスカート種、モニカ種のほか、アルゲーロ周辺のみに植えられているトルバート種など、この島独自の品種も存在する。

赤ワイン用ブドウ品種

サンジョヴェーゼ

Sangiovese
栽培地域：北部と南部の一部を除く全州

サンジョヴェーゼ種は、イタリアの赤ワイン用ブドウとしては最も普及している品種で、世界でも最もよく知られているブドウだろう。トスカーナ州をはじめ、エミリア・ロマーニャ、マルケ、ウンブリア、ラツィオ、プーリア、カンパーニア、ヴェネトとイタリアのほとんどの州で植えられ、日本でもよく知られるＤＯＣＧキアンティ（トスカーナ州）やサンジョヴェーゼ・ディ・ロマーニャ（エミリア・ロマーニャ州）、ＤＯＣモレッリーノ・ディ・スカンサーノ（トスカーナ州）、ＤＯＣＧトルジャーノ・ロッソ（ウンブリア州）などに使用されている。

また、ＤＯＣＧブルネッロ・ディ・モンタルチーノやＤＯＣＧヴィーノ・ノビレ・ディ・モンテプルチャーノに使用されるサンジョヴェーゼ・グロッソ種もサンジョヴェーゼ種の仲間である。

病気に強く、あらゆる栽植法、土壌に適し、収穫量も多い。

特にキアンティのような粘土質、石灰質土壌を好み、単醸すると濃いルビー色で、タンニンがあり、調和の取れたほろ苦い後口が心地好いワインになる。若い時にはスミレの香りや果実の風味があり、熟成すると酸味が弱まりエステル香が強くなる。

主なワインとしてはトスカーナ州のキアンティがあるが、サンジョヴェーゼ種主体でカナイオーロ種を加えて甘みを添え、バランスの取れた味わいのワインになる。

古くからキアンティが造られている地域、キアンティ・クラッシコ地区では、年間三〇〇〇万本近くのワインが造られているが、これはキアンティ全体の四分の一の量。キアンティの生産地域は広く、フィレンツエ、アレッツォ、ピストイア、プラート、ピサ、シエナと六つの県にまたがっている。このほか七つの指定地域がある。

キアンティ・クラッシコは独自の協会をもち、ヘクタール当たりのブドウの収穫量を七・五トン以下に制限し、キアンティより厳しい独自の規定がある。キアンティはクラッシコも含め毎年一億三〇〇〇万本を生産する。

次にサンジョヴェーゼ種を多く使用するワインにロマーニャ・サンジョヴェーゼがある。ロマーニャ地方のボローニャからリミニにかけての丘陵に植えられ、コストパフォーマンスの高いワインが造られている。

さらにモンテカルロ、ポミーノ・ロッソなどもサンジョヴェーゼ種主体のＤＯＣである。

サンジョヴェーゼ種から生まれたブドウにサンジョヴェーゼ・グロッソ種がある。一九世紀の中頃、モンタルチーノに住むクレメンティ・サンティという勘の鋭い男とその仲間が、サンジョヴェーゼ種のクローネ（分枝系）からサンジョヴェーゼ・グロッソ種（ブルネッロ種）を開発した。

このブドウは、石灰質土壌を好み、ワインにすると濃密で個性的な香りを含み、サンジョヴェーゼ種と比べて色が濃く、タンニンも多い力強いワインになる。グロッソというのは、太いという意味だ。

ブルネッロは、一八六九年、モンテプルチャーノ農業博覧会で金賞を獲得し、以後海外でも知られるようになり、今日人気のワインになった。同地域で同じブドウから造られ、アルコールの規定が五％低く、熟成も一〇ヵ月のロッソ・ディ・モンタルチーノはブルネッロよりも四年も早く市場に出される。また、プルニョロ・ジェンティーレと呼ばれるサンジョヴェーゼ・グロッソ種主体のワイン、ヴィーノ・ノビレ・ディ・モンテプルチャーノは、シエナ県モンテプルチャーノの標高六〇〇メートルの丘陵で造られ、辛口の赤ワインになる。一八世紀以降、ノビレ（高貴）と呼ばれるようになったこのワインにもブルネッロ同様ロッソ・ディ・モンテプルチャーノというＤＯＣワインがあり、四ヵ月の熟成で出荷することができる。

近年、一九六八年のサッシカイアの誕生以降、トスカーナ地方でもカベルネ・ソーヴィニヨン種主体のワインが多く造られるようになったが、同様の方法でサンジョヴェーゼ種主体、カベルネ・ソーヴィニヨン種を加えたワインも多く造られるようになった。

アンティノリ社の「ティニャネッロ」、ルフィーノ社の「モドゥス」、サンフェリーチェ社の「ヴィゴレッロ」、またサンジョヴェーゼ種にメルロー種を加えたフレスコバルディ社の「ルーチェ」、シラー種とカベルネ・ソーヴィニヨン種を加えたバンフィ社の「スッムス」などもある。

さらにヘクタール当たりの収量を抑え、一〇〇パーセントサンジョヴェーゼ種のワインも造られるようになった。フォントディ社の「フラッチャネッロ・デッラ・ピエーヴェ」、イゾレ・エ・オレーナ社の「カッパレッロ」、モンテヴェルティネ社の「レ・ペルゴレ・トルテ」などのワインがある。

またアンティノリ社のようにカリフォルニアにサンジョヴェーゼ種を植え、アメリカ産のサンジョヴェーゼ種のワインを造り始めた生産者もある。このように、サンジョヴェーゼ種は、イタリアを代表する品種として輸出されるようになった。モンタルチーノのタレンティ社は、南北アメリカをはじめとする世界各国にサンジョヴェーゼ種の苗を輸出するようになっている。

ネッビオーロ

Nebbiolo
栽培地域：ピエモンテ地方を中心にアオスタ地方、ロンバルディアの一部
別　名：Spanna（スパンナ）、Chiavennasca（キアヴェンナスカ）、ピコテネル

イタリアワインの王様と称されるバローロに使われる品種として知られるネッビオーロ種は、古くは古代ローマ時代からあったといわれ、一三〇〇年代の文献にも残るピエモンテ州など北イタリアで古くから知られる品種。現在でも北イタリアの最高級品種として知られ、アルバを中心とするピエモンテ州南部のランゲと呼ばれる地域に多く植えられている。さらに、ピエモンテ州の北に位置するヴァッレ・ダオスタ自治州、東に位置するロンバルディア州でも力強い赤ワインを生み出している。

ネッビオーロの名前の由来は、こ

のブドウの表面にロウ粉が多くつき、それが霧（ネッビア）のように見えるためといわれる。また、このブドウの収穫時期がほかのブドウよりも遅く、普通一一月の霧が出始める頃になってから摘み取ることからネッビオーロと呼ばれるようになったともいわれる。

ネッビオーロ種には、ランピア、ミケ、ロゼ、ボッラの四種があるが、ブドウの収穫量が多いランピア種が多く栽培されていた。しかし、近年は品質が高く収穫量の少ないミケ種も多く植えられるようになった。ロゼとボッラは現在ではほとんど植えられていない。

ネッビオーロ種は、石灰質、粘土土壌、水はけのよい丘陵地で日の当たる南向きの斜面を好む。ピエモンテ州では、この品種をグイヨー式に植えるが、栽培の難しい品種でもある。ワインにするとやや薄めのガーネット色で、熟成に従いレンガ色を帯びる。エーテル香、スミレの香りを含み、アルコール、タンニン、酸などを多く含むことから、長期熟成型の赤ワインになる。

ネッビオーロ種から造られるワインには、バローロをはじめ、DOCGバルバレスコ、DOCネッビオーロ・ダルバ、DOCGロエロ・ネッビオーロ、DOCカレーマ、DOCGガッティナーラ、DOCGゲンメなどのピエモンテ州のワインが知られる。

また、ロンバルディア州の北部、ヴァルテッリーナ渓谷では、キアヴェンナスカと呼ばれるネッビオーロ種から最近DOCGワインに指定されたヴァルテッリーナ・スペリオーレのワインが造られる。この地方では、収穫したブドウを屋内で陰干しし、糖度を高めてから醸造したスフォルツァートと呼ばれる力強い赤ワインも造られている。

ピエモンテ州の北側、モンブラントンネルを境にフランスと接するヴァッレ・ダオスタ州でもピコテネルと呼ばれるネッビオーロ種が植えられている。また、サルデーニャ島の一部では地域の認定ブドウとしてネッビオーロ種が認められている。

ネッビオーロ種から造られるワインとして最もよく知られるのはバローロだが、ランゲの小高い丘や丘陵の二〇〇〇ヘクタールの土地には七〇〇軒近くの農家が密集する。規模は平均すれば一軒二ヘクタール程度と小さい。生産地域は、ランゲの中心にあり、カスティリヨーネ・デイ・ファッレット、セッラルンガ・ダルバ、ラ・モッラ、バローロなどの地区で構成される。

年間一〇〇〇万本以上を生産するようになっている。古くは一万～一万五〇〇〇リットルの大樽で熟成させ、一部の生産者は、さらに一〇〇リットルほどのダミジャーノと呼ばれるガラスの容器に密閉して保管していたが、今日ではオークの小樽を熟成に使用する生産者も増え、各社が独自の造り方で長期の熟成にも耐え、かつ比較的早くからも飲める新しいバローロを造るようになった。

昔、このワインは甘口ワインとして造られていたが、一九世紀サヴォイア王朝の時代に発酵が完全に行われるようになり、今日のスタイルの辛口ワインになった。

一八世紀から存在する生産者にジャコモ・ボローニャ、ジャコモ・コンテルノ、一九世紀後半からワイン造りを始めた生産者に、マルケージ・ディ・バローロ、フランチェスコ・リナルディ、ピオ・チェーザレなどがある。また近年素晴らしいワインを生み出している生産者に、ブルーノ・ジャコーザ、チェレットなどがある。

一方、ＤＯＣＧバローロの弟分として知られるワイン、ＤＯＣＧバルバレスコは、バローロよりも北東に位置し、アルバの東、タナロ川の南側の二五〇～四〇〇メートルの丘陵地帯にあるバルバレスコ、ネイヴェ、トレイゾ、サン・ロッコなどの村で造られ、イタリアで最もブドウ畑が密集している地域といわれるが、その生産量は年間三五〇万本とバローロの三分の一。ブドウの品種はバローロと同じネッビオーロ種だが、土地や気候のわずかな差から、バローロとは違った味わいのエレガントなワインが生み出される。

アジーリ、ラバヤ、マルティネンガ、ファセット、アルベザーニ、ジャコーザなどの地区で構成され、ガイヤ、チェレット、マルケージ・ディ・グレジ、ブルーノ・ジャコーザ、ブルーノ・ロッカなどの生産者が知られている。

熟成したＤＯＣＧバルバレスコのワインは、牛肉の煮込み料理、ブラザートやストゥファート、野ウサギの煮込み料理にも向く。一般的にＤＯＣＧバローロよりも、なめらかでおとなしいワインといわれるが、時にはバローロを凌ぐ力強さをもつワインに出くわすこともある。バローロに比べて比較的早く市場に出されることから、エレガントで飲みやすさを競うワインが多く、バローロとは別のファンも多くもつワインだ。

バローロ、バルバレスコ同様、ＤＯＣＧに認められるワインにガッティナーラ、ゲンメがある。ＤＯＣＧガッティナーラは、ヴェルチェッリ近くで造られる木イチゴの香りを含むワイン。一方、ＤＯＣＧゲンメは、ノヴァーラ近くで造られる上品で力強いワイン。残念ながら両ワインとも生産量が極めて少なく、世界に知られるまでには至っていない。これに対し、アルバを中心とする広い地域をもつＤＯＣネッビオーロ・ダルバは、バローロやバルバレスコの地域からは外れるものの、場所によっては掘り出し物の素晴らしいワインがあり、価格的にも興味深い。また、タナロ川の左岸、ロエロ地区でもネッビオーロ種のワインがＤＯＣＧに認められている。

ヴァルテッリーナ渓谷では、古くから山の斜面にネッビオーロ種が植えられた。谷間の南向きの傾斜がかなり厳しい岩場でブドウが栽培されており、作業に機械は使用できず、人間の力のみでブドウ作りが行われてきた。このブドウ主体のＤＯＣワインにヴァルテッリーナがあるが、ネッビオーロ種を九〇％以上使用したヴァルテッリーナ・スペリオーレはＤＯＣＧワインで、サッセッラ、グルメッロ、インフェルノ、ヴアルジェッラ、マロッジャなど指定地域名で呼ばれる。

また、ヴァルテッリーナのブドウを陰干しして醸造する力強い赤ワイン、スフォルツァートは一六〇〇年代、この谷の領主であったセルトリ・サリス家によって生み出され、一七〇〇年代には、病人にスプーンで飲ませる貴重なワインだった。このワインを造るには、ブドウの質だけではなく、陰干しする三ヵ月間の気候も大切で、毎年できるわけではないが、出来上がったワインは、ブドウを陰干しすることによって、よい年のバローロと同程度の糖度に達するといわれ、力強いワインになるが、その生産量は極めて少ない。このワインも二〇〇一年産からＤＯＣＧに認められている。

バルベーラ

Barbera
栽培地域：ピエモンテ地方、ロンバルディア地方を中心にほぼイタリア全土

バルベーラ種は、ピエモンテ州のモンフェッラートに起源があるといわれる品種で、現在ではロンバルディアのオルトレポー・パヴェーゼほか、ヴェネト、フリウリ、マルケ、エミリア・ロマーニャ、アブルッツオ、サルデーニャなどイタリア各地で栽培されている。また、イタリアの移民によってアルゼンチン、ブラジル、南アフリカ、カリフォルニアなどにも運ばれ、今日でも栽培されている。

DOCG、DOCとしてはピエモンテ州のアルバ、アスティ、モンフェッラートの三つの地域が認められている。各DOCで一部加えていいブドウによって味が異なるが、ワインにすると濃いルビー色でワインらしい香りや花の香りがあり、辛口からやや酸味を感じるもの、甘みのあるもの、弱発泡性のものまである。一般的には食事用のワインだが、酸味やタンニンも含むことから、肉を使ったソースのパスタやリゾット、ピエモンテの肉の煮込み料理「グラン・ボッリーティ」や、ミラノの伝統料理で雑肉をヴェルツァと呼ばれるチリメンキャベツと一緒に煮込んだ「カッソーラ」という料理にも合う。また、ピエモンテの冬の料理、溶かしバターとオリーブオイル、アンチョビ、ニンニクで作ったソースを温め、これに細く切ったピーマン、フィノッキオ、セロリ、カルドなどの野菜を浸して食べる「バーニャカウダ」などにもよく合う。

ドルチェット

Dolcetto
栽培地域：ピエモンテ地方、中部イタリアの一部
別名：ドリシン、ドッセート

ドルチェット種もピエモンテ州の重要な黒ブドウの一つで、特にランゲ地区ではネッビオーロ種に次ぐ重

要な品種である。古くは、ドリシン種、ドッセート種などと呼ばれ、リグーリア州に近いオルメア・アクイ種に始まった品種といわれている。

　ピエモンテ州モンフェッラートを中心に、リグーリア、ロンバルディアのオルトレポー・パヴェーゼでも栽培されている。ルビー色で独特のワインらしい香りがあり、ほろ苦く調和の取れた辛口赤ワインになる。

　アスティ、アルバ、ドリアーニ、ディアノ・ダルバ、アックイ、オヴァーダ、ランゲ・モンレガレージの七つの地域でDOCG、DOCに認められている。七地区でワインが生産されているが、ブドウの生産はアルバ周辺のランゲ地区に集中している。古くはデザートワインとして甘口にされていたといわれるが、現在では辛口ワインとして北イタリアの料理に合う日常ワインとして知られている。

　サラミ類の前菜、肉やキノコを使ったパスタ料理やラビオリ、アニョロッティなどの詰め物パスタに向く。このほかポレンタを添えた肉の煮込み、ロビオーラなどの若いチーズにも向く。

ピノ・ネロ

Pinot Nero
栽培地域：ヴェネト地方、アルト・アディジェ地方、フリウリ地方

　フランスのブルゴーニュとシャンパーニュ地方で多く栽培される品種で、フランスからイタリアに伝えられた品種。この品種は古代ローマ時代にプリニウスが「エルヴァナチェア・ピッコラ」と記した品種が原種ではないかといわれている。ピノ種のファミリーにおいて最も重要な品種で、今日、世界中で栽培されている。しかし、シャンパーニュ地方やドイツ、スイスで栽培される品種とブルゴーニュの品種は異なる。一般的には泥土質、石灰質土壌を好み、風通しのよい丘陵の砂地や、あまり肥沃でない土地を好む。

　イタリアでも多くスプマンテ用に使われるほか、赤ワイン用としても使われることも多くなった。ワインは明るいルビー色で、繊細で香りが高い。苦みとアロマを含み、熟成させると割と早めにレンガ色に変わる。白ワイン用としては瓶内二次発酵させる辛口スプマンテに向く。イタリアでは、単一で赤ワインか、シャルドネ種と合わせてスプマンテに使用されることが多い。フランチャコルタ、オルトレポー・パヴェーゼ、アルト・アディジェ、ブレガンツェ、ピアーヴェなどのＤＯＣＧ、ＤＯＣワインに使われている。

グリニョリーノ

Grignolnio
栽培地域：ピエモンテ地方
別名：バルベジーノ、ヴァルバジーノ、ロッセット

この品種は一七〇〇年代終わり頃、既にピエモンテで栽培されていたという記録が残されているピエモンテ独自の品種。痩せた土地を好み、バルベジーノ、ヴァルバジーノ、ロッセットなど多くの別名でも呼ばれ、モンフェッラート・カザレーゼ、アスティ地区でＤＯＣに指定されている。

ＤＯＣワインの生産量はあまり多くないが、ピエモンテ独自のワインとして北イタリアの大都市で人気がある。

このブドウは、ワインにすると明るく薄いルビー色で、デリケートなワインらしい香りがあり、わずかな苦みのなかにアルコールを感じる。一般的には若いうちに消費されるが、四年から五年の熟成も可能だ。

肉入りソースのパスタ料理や仔牛、鶏肉、ウサギ、仔羊などの白身肉のローストや煮込み、またピエモンテ地方の名物料理、肉類のミックスフライにも向く。

モンテプルチャーノ

Montepulciano
栽培地域：アドリア海沿岸の地域

中部イタリアのアドリア海側で最も重要な赤ブドウの品種。マルケ地方からプーリア地方まで、アブルッツオ地方、モリーゼ地方とこの品種が主な赤ブドウとなっている。

特に、このブドウが生まれたであろうと推測されるアブルッツオ州のペスカーラ周辺では多く植えられ、主力ワインであるＤＯＣＧ、ＤＯＣ

モンテプルチャーノ・ダブルッツオはDOCGキャンティの一・五倍の量が生産されている。

この品種は古くは、サンジョヴェーゼ種の仲間ではないかといわれていたが、DNA鑑定の結果全く別の品種であることが分かり、今日では品種の特性が注目されるブドウになっている。暑く乾いた気候を好み、収穫は標高によって変わるが、九月から一〇月に行われる。

アブルッツォ地方以外では、DOCGコーネロ、DOCロッソ・ピチェーノなどのようにサンジョヴェーゼ種などの品種と混醸されることが多い。

ワインにすると、濃いルビー色で、チェリーやマラスカの香りを含み、しっかりとした果実の味わいがあり、まろやかなタンニンを含む。

また、トスカーナ地方のヴィーノ・ノビレ・ディ・モンテプルチャーノはこれらとは全く別のワインで、プルニョロ・ジェンティーレと呼ばれるサンジョヴェーゼ・グロッソ種で造られ、ワインの名前は生産される町の名前からとられている。

アリアニコ

Aglianico
栽培地域：南イタリア
別名：グアニコ、グアニカ、ガリアーノ

アリアニコ種の起源は古く、古代ローマ時代ギリシャから移植されたブドウに由来し、ヘッレニカ、つまり「ギリシャ伝来のブドウ」を意味する。フェニキア人がギリシャからもち込んだ品種といわれている。グアニコ、グアニカ、ガリアーノとも呼ばれ、イタリア半島のティレニア海沿いのカンパーニア地方から南の地方に植えられている。石灰質泥土質土壌を好み、初めはエトルリア人が植えたブドウの樹に差し替えて植えられた。このブドウは、一五世紀末、当時ナポリを支配していたアラゴン王朝時代に知られるようになり、エッレニカともエッラニコとも呼ばれていた。

アリアニコ種を使ったワインで最も知られているのは、タウラージ（カンパーニア州）で、古くからバローロに並ぶ長期熟成型赤ワインとして知られ、一九七〇年にDOC、一九九三年には、南イタリアのワインとして初めてDOCGワインに認められた。

　タウラージは、最初はヴェスーヴィオ火山の麓で造られていたが、次第に内陸のアヴェッリーノ方面で造られるようになった。現在は、ナポリから内陸に二つ山を越えたサバト川の上流、ナポリ～バーリの高速道路に沿ったアヴェッリーノとモンテフレダーネの間、イルピーニアを中心とする地域で造られている。ワインはスミレの香りを含み、辛口で力強く、二〇年以上の熟成にも耐える。

　次に、同じくカンパーニア州ベネヴェント周辺の標高三〇〇～六〇〇メートルの丘陵地帯で造られるDOCアリアニコ・デル・タブルノがあるが、石灰質泥土質の土壌で造られる。森の木の実やタバコの香りを含み、アロマティックでしっかりした味わいのワインとなる。生産量は年間五万本ほどと少ない。

　さらに南のバジリカータ州ヴルトゥレ山の麓で造られるDOCGアリアニコ・デル・ヴルトゥレは、一五世紀アラゴン王朝時代から知られるワインだが、近年まで北イタリアの混合用ワインとして売られていた。ヴルトゥレ山の麓で造られるこのワインは三年間の熟成を要し、熟成には主に大樽が使用されるが、スミレの香りを含み、チェリーやアーモンドの味わいがある。

　また、カンパーニア州カゼルタ県で造られるDOCファレルノ・デル・マッシコは、古代ローマの時代から知られるワインで、モンテ・マッシコの麓で造られる。アリアニコ種、ピエディロッソ種とタウラージとほぼ同様の品種を用いる。忘れられたワインになっていたが、ヴィッラ・マティルデ社によって今日再び知られるようになった。

プリミティーヴォ

Primitivo
栽培地域：プーリア地方
別名：ジンファンデル、モレローネ、ウーヴァ・ディ・コラート、ウーヴァ・デッラ・コラート

　プーリア地方のブドウとして知られるこの品種の来歴ははっきりとしていないが、バルカン半島経由で移植されたブドウではないかといわれている。その後、ハンガリー経由で

アメリカのカリフォルニアやオーストラリアにもたらされジンファンデルと呼ばれるようになった。これは既にDNA鑑定で明らかにされている。

このブドウは開花や果実の熟成が早く八月末には収穫がはじまることから、プリミティーヴォと名付けられたといわれ、高温、少雨気候に適し、収穫量の多いブドウでもある。色が濃くアルコール分も高くなるのとから、古くは、北イタリアや西ヨウロッパにバルクワインとして売られていた。

現在では、プーリア地方を中心に、バジリカータ、アブルッツォ、カンパーニア)、サルデーニャなどの地方でも栽培されている。

ワインにすると、青みを帯びた濃いルビー色で、スパイスの香りを含み、まろやかで果実の味わいの強いワインになる。

主なDOCG、DOCワインに、プリミティーヴォ・ディ・マンドゥーリアがあるが、このワインの甘口は、二〇一一年DOCGに認められた。このほか、ジョイア・デル・コッレ、グラヴィーナ（プーリア）、マテーラ（バジリカータ）、チレント（カンパーニア）などのDOCに使われている。

ネグロアマーロ

Negroamaro
栽培地域：プーリア地方
別名：ネグロ・アマーロ、ニクラ・アマロ、アブルッツーゼ、ウーヴァ・カーネ、アルベーゼ、イオニコ、マンジャヴェルデ、ネーロ・レッチェーゼ

プーリア州のレッチェを中心にプーリア地方で栽培される土着ブドウ。その来歴は定かではないが、ギリシャから伝わったものではないかといわれている。

このブドウ独特の黒い色と、苦みのある味わいから、ネグロアマーロと呼ばれるようになった。レッチェを中心に、ブリンディシ、ターラントでも多く栽培され、イタリアの赤ブドウとしても栽培面積の多いブドウとなっているが、このブドウも古くは生産量が多く、色が濃くアルコール度数が高くなることから、バルクワインとして売られていた。

濃いスミレがかったルビー色で、日当たりがよく風通しのよい、石灰質泥土壌を好む。ワインにすると、ガーネット色を帯びた濃いルビー色で、森の木のみなど小さな果実の香りやタバコの香りを含み、苦みがある。

マルヴァジア・ネーラ、サンジョヴェーゼ、モンテプルチャーノなどの品種と混醸されることが多く、ロゼワインにされることも多い。

DOCワインでは、サリチェ・サレンティーノ、マルティーノ、ブリンディシ、ジョイア・デル・コッレ、レヴェラーノ、リッツァーノ、スクインツァーノ、コペルティーノなどに使われている。

ネーロ・ダヴォラ

Nero d'Avola
栽培地域：シチリア島
別名：カラブレーゼ

シチリア島で最も重要な品種だが、紀元前五世紀には既にシチリアに存在していたといわれる。シチリアを代表する赤ワイン用ブドウだが、ギリシャから伝えられ、島の南、シラクサとラグーザの間にあるアヴォラの町にちなんで名付けられたといわれている。現在では、シチリア島の全土に植えられているが、ラグーザ、ノートなどが主な生産地である。ブドウは、アルベレッロ方式やテンドーネ方式で植えられてきたが、最近ではグイヨー式が主力になってきている。

このほか、ネーロ・ダヴォラ種を使ったワインには、「タンクレディ」のように、カベルネ・ソーヴィニヨン種とネーロ・ダヴォラ種を半々に使用し、インターナショナルな味わいを意識したワインもある。

カンノナウ

Cannonau
栽培地域：サルデーニャ島全土
別名：アリカンテ

カンノナウ種は、サルデーニャ島の全土に植えられている黒ブドウだが、一五世紀末のスペイン王朝支配の時代にスペインからもち込まれた。スペインではアリカンテと呼ばれている。

一七八〇年にナポリで書かれた本に初めてカンノナウの名前が登場するが、一八〇〇年代に正式にカンノナウと名付けられることになる。特に重要な生産地は、カリアリを中心とする地域で、ほかに特定地域の指定を受ける地域もある。盆栽のように低いアルベレッロ方式で植えられ、大樽で八〜一〇ヵ月熟成されたワインは、松脂やブドウ香を含む辛口で力強いワインになる。このほか、明るい桜色のロゼやリキュールタイプのリクオローゾも造られるが、なかでもリクオローゾ、ドルチェ・ナトゥラーレに属する甘口ワインは、独特の香りと甘みがありしっかりとした味わいの甘口赤ワインになる。

その他の赤ワイン用ブドウ品種

このほか、イタリアには生産量こそ少ないが、その地方独自の赤ワイン用ブドウも今日に伝えられている。ピエモンテ州からロンバルディア州にかけては、ソフトな甘口ワインに仕上げられるフレイザ種やボナルダ種、マルツェミーノ種がある。

トレンティーノ・アルト・アディジェ州には、鮮やかなルビー色で木イチゴを思わせる香りのテロルデゴ種やスキアーヴァ種がある。ヴェネト州には、DOCヴァルポリチェッラやDOCGアマローネ、DOCバルドリーノの原料になるコルヴィーナ種、ロンディネッラ種、モリナーラ種、ネグラーラ種などがある。

フリウリ地方には、フルーティで個性的な草の風味をもつレフォレスコ種や近年ロンキ・ディ・チャッラ社によってDOCに認められるようになったスキオッペッティーノ種がある。

エミリア地方には、発泡性赤で知られるランブルスコ種、トスカーナにはサンジョヴェーゼ種に合わせるカナイオーロ種、ウンブリアにはDOCGとして知られるサグランティーノ種がある。

南イタリアでは、プーリアのネグロアマーロ種、カラブリアのガリオッポ種、シチリアのカラブレーゼ種、フラッパート種、ネレッロ・マスカレーゼ種、サルデーニャのカリニャーノ種などがある。

白ワイン用ブドウ品種

モスカート

Moscato
栽培地域：イタリア全土

モスカート種は、ギリシャ原産のブドウといわれるが、現在でもイタリアのほぼ全土で栽培されている。アロマティックで、甘さを多く含むブドウであるため、甘口ワインにされることが多いが、このブドウから造られるワインの数はイタリアで最も多い。主な栽培地域は、ピエモンテ、プーリア、シチリア、サルデーニャの各州。モスカート種には、DOCGアスティに代表されるモスカート・ビアンコ種のほか、モスカート・ジャッロ種、モスカート・ローザ種などがある。

DOCGに認められるアスティやモスカート・ダスティ、DOCのモスカート・ディ・パンテッレリアなどはモスカート・ビアンコ種から造られる。また、モスカート・ジャッロ種はトレンティーノを中心に、モスカート・ローザ種はトレンティーノ＝アルト・アディジェ州を中心に栽培されている。

モスカート・ビアンコ種はデリケートな品種で、丘陵地を好み、粘土質や湿気のある土地を好まない。モスカート・ジャッロ種は、石灰質や玄武岩のある丘陵を好み、モスカート・ローザ種は粘土質で珪質土か砂利の混じった土壌を好む。

香りの特徴は各種ともマスカットやバラを思わせる芳香にあり、造られるワインは三種に分かれる。通常のスティルワインにすると、マスカットのアロマが残り、アルコール度の低い軽めのワインになる。次に発泡性ワイン。マスカットの香りをそのまま瓶に詰めたようなフルーティで甘みを含むワインになる。最後にパッシート（天日で乾燥させた）にする方法で、このワインは黄金色から琥珀色のアルコール度が高い甘口ワインになる。

■モスカート・ビアンコ

この品種から造られ、最もよく知られるワイン、アスティは、一九九三年、甘口ワインとして初めてDOCGに認められた。毎年七〇〇〇万～八〇〇〇万本が生産されている。

アスティからクーネオ、アレッサンドリアの三つの県にまたがり、七〇〇〇軒の農家が九〇〇〇ヘクタールの広い地域でこのワイン用ブドウを作っている。古くは海底であった水はけのよい地質からなる丘陵から甘いマスカットの香りをもつ独特のワインが生み出される。

一八六五年、シャンパーニュ地方でワイン造りを勉強したカルロ・ガンチャがタンク内で二次発酵させるシャルマー法を用いてアスティ・スプマンテを造り始めた。

今日では、ドイツ、アメリカをはじめとする世界各国に輸出されている。

同様のブドウを使用し、アスティのベースワインとして造られていたモスカート・ダスティも、一九九三年アスティと同時にDOCGに認められている。このワインもフルーティでマスカットのアロマティックな香りを残す甘口ワインになる。アルコール度の低い、弱発泡性のフレッシュな味わいのワインとして人気を得ている。両ワインともにパネットーネなどのパンケーキやクレープ、ザヴァイオンソースをかけたタルトなどのケーキ類に合う。

次にDOCモスカート・ディ・パンテッレリアがあるが、このワインはシチリア島の南、アフリカに近いパンテッレリア島でヅィビッボと呼ばれるモスカート・ビアンコ種一〇〇パーセントで造られる。この島は風が強く、日差しも強いため、苗は盆栽のように低く、苗の根元に穴を掘って低く植えられている。ブドウの収穫量も一ヘクタールあたり三トンと少なく、そのため樹齢が五〇年を超えるものも少なくない。天日乾燥させたパッシート（陰干しして糖度を高めた甘口ワイン）も造られる。ナチュラルなものは黄金色、パッシートしたものは琥珀色になる。マスカットの独特のアロマティックな香りを含み、わずかにナツメヤシの苦みを感じる。

　最後にアオスタ州のシャンバーヴェ・モスカートがある。アオスタ渓谷の六〇〇メートル近い南東向きに植えられ、フレッシュなものとパッシートが造られる。古くは世界に知られるワインで、一四世紀、ブルボンの王様に贈られたという記述も残されている。

■モスカート・ローザ
（黒ブドウ）

モスカート・ローザ種は、トレンティーノ・アルト・アディジェ州とフリウリ州でのみ栽培されている品種。呼び名の由来はブドウの色よりもむしろバラの香りからきており、バラの香りの強いワイン。ブドウの収穫量が少ないのは、この木が雌花のみをもつため。ワインにするとアロマティックでバラの香りが強く、美しいガーネット色の甘口赤ワインになる。イチゴやプラムを使ったトルタや乾燥させた菓子類などに向く。

■モスカート・ジャッロ

この品種はモスカテル、モスカットとも呼ばれ、トレンティーノ・アルト・アディジェ州を中心にヴェネト、ロンバルディア、フリウリ、シチリアの各州で植えられている。中世にヴェネツィア人によってギリシャから伝えられたものと思われる。石灰質の丘陵地を好み、冬の寒さに強く、ブドウの収穫量も比較的多い。甘口ワインにすると、マスカットの香りを含むデザート用ワインになり、フルーツや森の木の実を使ったタルトやマチェドニア(フルーツポンチ)などに合う。また、辛口ワインにすると、アロマや味わいを失うが、食事に向く日常ワインになる。

トレッビアーノ

Trebbiano
栽培地域：トスカーナ地方を中心にイタリアほぼ全土
別名：プロカニコ

トレッビアーノ種は、トスカーナ、エミリア・ロマーニャ、ヴェネト州を中心にイタリア全土で栽培される白ブドウで、イタリアで最も多く栽培されている白ワイン用品種である。

この品種の起源は古く、紀元前からエトルリア人が今日のトスカーナ州にあたる地域で栽培していたといわれる。また、古代ローマのプリニウスの「自然史」のなかにもトレプラニスの平野で生産されるヴィニウム・トレプラヌムと記されている。非常に強い品種で、あらゆる土壌に適し、ブドウの生産量が多いことからイタリア全土に広まり、フランスに渡ってユニ・ブランと呼ばれるようになった。

混醸用のブドウとして使われることが多いが、ヴェルモットやブランデーの原料として使われるほか、甘みが強いことから、アチェート・バルサミコ（ブドウの搾り汁を煮詰め、ワインヴィネガーと合わせて小樽で数年熟成させた熟成酢）の原料としても使用される。ワインにすると、黄色を帯びた麦わら色でブドウや果実の香りがあり、主に魚や卵料理に向くワインになる。

トレッビアーノ種は、いくつかの種類に分かれるが、まず最も古いと思われるトレッビアーノ・トスカーノ種は、トスカーナ州をはじめとする多くの州で栽培されている。次にトレッビアーノ・ジャッロ種。この品種は主にローマ周辺で栽培されている。また、トレッビアーノ・ロマニョーロ種は、主にエミリア・ロマーニャ地方で栽培されている。最後にトレッビアーノ・ヴェロネーゼ種だが、ＤＯＣソアーヴェ（ヴェネト州）やＤＯＣルガーナ（ロンバルディア州）などのワインの原料になっている。

■トレッビアーノ・トスカーノ

この品種はエトルリアにはじまる品種といわれ、トレッビアーノ種の原種といわれている。専門家、アンドレア・パッチョの著書では、古代エトルリアのルーニ領土（今のトスカーナの海岸沿いの地方）が発祥の地で、「ヴィニウム・トレブラヌム」と呼ばれていたと解説している。トスカーナを始め、ウンブリア、ラツィオほかの各州で多く栽培されている。DOCワインには、エルバ・ビアンコ、モンテカルロ・ビアンコ、ボルゲリ・ビアンコなどトスカーナのワインのほか、DOCトレッビアーノ・ダブルッツォ（アブルッツォ州）、DOCトルジャーノ・ビアンコ（ウンブリア州）、DOCソロパーカ・ビアンコ（カンパーニャ州）、DOCオルヴィエート（ウンブリア州、DOCオルヴィエートでは品種名をプロカニコと呼ぶ）など多くの白ワインに使用されている。

　トルジャーノ・ビアンコは、ペルージャから南西に二〇キロほどの小高い丘にある街、トルジャーノで造られるワインで、トレッビアーノ・トスカーノ種にグレケット種が加えられる。トルジャーノにワイン博物館と五ツ星ホテルをもつルンガロッティ社によって、DOCGに認められるロッソ・リゼルヴァとともに知られるようになった。アペリティフからスープ類、野菜入りパスタや魚料理、白身肉の料理にも向く。アブルッツォ州全域で造られるDOCトレッビアーノ・ダブルッツォもこの品種から造られる。この地方でボンビーノ・ビアンコと呼ばれるトレッビアーノ・ダブルッツォ種と混醸され、アンティパストから野菜入りリゾット、魚料理に向く白ワインになる。

■トレッビアーノ・ロマニョーロ

　ロマーニャ地方、ボローニャからフォルリにかけての地域を中心に植えられている品種で、一四世紀にローマ法王がアヴィニョンに幽閉された時期にこの地方からフランスにもち込まれ、ユニ・ブランと呼ばれるようになった。ロマーニャ・トレッビアーノは、この品種を八五パーセント以上使用したワイン。また、この品種はトレッビアーノ・デッラ・フィアンマとも呼ばれ、熟成するとブドウが黄金色を帯び、炎のように見える。

■トレッビアーノ・ジャッロ

　グレコ・ジャッロなどとも呼ばれるこの品種は、主にラツィオ州のローマ周辺で栽培され、DOCフラスカティやDOCザガローロ、DOCコッリ・アルバーニなどのワインに使用されている。この品種はトレッビアーノ・トスカーノ種に補足的に使用されることが多い。

■トレッビアーノ・ヴェロネーゼ

ガルガーネガ種と混醸して、世界に知られるソアーヴェの原料になる。ヴェネト州の広い地域で栽培されている。ブレーシャと接する地域では、この品種からルガーナが造られる。ルガーナはこの品種を九〇パーセント以上使用し、古代ローマ時代から既にブドウが植えられていたといわれるガルダ湖の南側で造られるワインで、第二次大戦後、徐々に生産量を増やし、世界でも知られるワインになった。新鮮でソフトな味わいがあり、リゾット・ミラネーゼほか、淡水魚の料理などにも向く白ワインになる。

マルヴァジア

Malvasia
栽培地域：中部イタリアを中心にイタリア全土

マルヴァジア種は、ギリシャからイタリアに伝えられた品種だが、その種類は多く、またイタリアのほぼ全土で栽培されている。なかでもイタリア中部では、この品種がギリシャから伝わる以前からエトルリア人によって栽培されていたといわれるトレッビアーノ種と混醸され、DOCG、DOCフラスカティ（ラツィオ州）やDOCエスト！エスト!!エスト!!!（ラツィオ州）など古くから造られるワインの原料になった。

この品種は、丘陵地と平野部では全く異なるワインになる。石灰質の丘陵地では黄色がかった麦わら色でアルコール度が高めのアロマティックなワインになり、甘口にされることが多い。一方、平野部では緑色がかった麦わら色の軽くて飲みやすいワインになる。

マルヴァジア種には多くのファミリーがあるが、これは、ヴェネツィア人が中世にギリシャから多くの甘口ワインを輸入していたためで、アルコール分が高く、アロマの強いワインの総称であり、これが流行していた。

南イタリアのバジリカータ州では、

古くはアリアニコ種と混醸され、今日ではモスカート種と混醸されてスプマンテにされることもある。中部のエミリア・ロマーニャ州からロンバルディア州南部のオルトレポー・パヴェーゼ地域にかけては、アロマティックなマルヴァジアの種類が植えられる。エミリア・ロマーニャ州のピアチェンツァ、パルマ、ロンバルディア州南西部のパヴィアの丘陵の日当たりのよいところでアロマティックなワインにされる。また、ローマを中心とするラツィオの丘陵の日当たりのよいところにもマルヴァジア・デル・ラツィオ種が植えられ、トレッビアーノ種やほかのマルヴァジア種と混醸される。サルデーニャ島には、ビザンチンの時代にギリシャから伝わったと思われる品種がある。今日主にカリアリ周辺で栽培されているが、石灰質珪土質土壌で、暑く、乾いた気候を好む品種。黄色がかった麦わら色から黄金色で、アーモンドの苦みを含むしっかりした味わいのワインになる。DOCにはマルヴァジア・ディ・ボーザ、マルヴァジア・ディ・カリアリがある。

このほか、黒ブドウの品種もある。トレンティーノ・アルト・アディジェで栽培されるマルヴァジア・デル・カソルツォ種は、甘みのあるアロマを含み、弱発泡性ワインに向く。ピエモンテ州には、マルヴァジア・スキエラーノ種があり、アロマティックで甘口のワインにされる。南イタリアのバジリカータ州マテーラとポテンツァ周辺にもアロマティックでアルコールの高い甘口になる品種がある。また、プーリア州ブリンデイシにもマスカットの香りを含む品種が植えられている。

■マルヴァジア・ビアンカ・ディ・カンディア

このブドウはアロマを多く含み、ほかのファミリーの品種と異なる。マルヴァジア・ローザとも呼ばれるが、これは芽がピンク色をしているためといわれる。泥土質の丘陵地を好み、ローマ周辺の丘陵地に多く植えられている。

濃いめの麦わら色で旨味があり、アロマを含むワインになる。ラツィオ、エミリア・ロマーニャ、ウンブリア、トスカーナ、リグーリアなどの州で栽培され、DOCG、DOCフラスカティ、DOCエスト！エスト!!エスト!!!、DOCコッリ・アルバーニ、DOCマリーノ、DOCコッリ・ディ・パルマなどに使われる。

■マルヴァジア・ビアンカ・ルンガ

マルヴァジア・デル・キアンティとも呼ばれ、古くからキアンティ地域で栽培されてきた。伝統的にキアンティに少量ながら使用され、色と香りに特徴を与えた。あまり寒くならない丘陵地を好み、ブドウは長く伸びるためこの名前が付けられた。黄色から麦わら色のアロマを含む酸のしっかりしたなめらかなワインになる。ヴェネト、ウンブリア、プーリア、ラツィオなどの州にも植えられ、トレッビアーノ種との相性がよいことから、ＤＯＣオルヴィエート、ＤＯＣＧカルミニャーノ・ロッソ、ＤＯＣコッリ・アメリーニなどのワインに使われるほか、ヴィン・サント（トスカーナのデザートワイン）用にも使用される。

■マルヴァジア・イストリアーナ

この品種は、一三世紀にヴェネツィア人によってギリシャからもたらされたものといわれ、白、ロゼ、黒のブドウがある。フリウリ地方に植えられ、ゴリッツィアの農学校によって広められた。麦わら色がかった黄色で、やや緑がかっており、香りは弱く、わずかに苦みを含むデリケートな辛口ワインになる。フリウリのコッリョ、カルソ、フリウリ・コッリ・オリエンターリ、アクイレイア、ラティザーナなどのＤＯＣワインに使用される。

■マルヴァジア・デッレ・リパリ

この品種は、紀元前五～六世紀にギリシャからシチリア島に伝えられた品種といわれ、今日でもリパリ島を中心とするエオリエ諸島で栽培されている。乾燥気候を好み、黄金色でデリケートな香りを含み、ハチミツやアンズの味わいの甘口ワインにされる。

■マルヴァジア・ビアンカ

マルヴァジアの名前は、ギリシャの港で中世にはヴェネツィア共和国の領地であったモネンヴァジア港の名に由来する。一一世紀には既にヴェネツィア人によって、シチリア州、カラブリア州、プーリア州、カンパーニア州など南イタリアに運ばれていた。ワインは黄色がかった麦わら色で、旨みも含み、酸のバランスがよい。今日でもレヴェラーノほか甘口、辛口のＤＯＣＧ、ＤＯＣワインに使用される。

■マルヴァジア・ネーラ
（黒ブドウ）

白ブドウのマルヴァシア同様ギリシャ伝来のブドウ。プーリア州のレッチェ、ブリンディシ、ターラント中心に植えられている。この地方のほかの赤ブドウと混醸されるほか、その大半がロゼワインにされている。

プーリアのサリチェ・サレンティーノ、レヴェラーノ、コペルティーノほかに使用されている。

ガルガーネガ

Garganega
栽培地域：ヴェネト地方

一五世紀の文献によると、ガルガーネガ種は当時ボローニャ（エミリア・ローマーニャ州）からパドヴァ（ヴェネト州）にかけて植えられる品種だった。その後この品種はヴェネツィアからヴェローナにかけてのヴェネト州で広く栽培されるようになった。このブドウはヴェネト地方で多く栽培されることから、トレッビアーノ種の仲間、あるいはグレーラ種に近いといわれている。また、サルデーニャ島のヌラグス種、ギリシャ伝来のグレカニコ種の仲間ではないかという説もあるがその来歴ははっきりとしていない。ブドウの房は肩のところで二つに分かれ、さらに真中から下に長く伸びていて、ちょうど人がマントを肩にかけているような形に見える。非常に強い品種で、軟質のやや肥えた土壌を好み、日当たりのよいところで育つ。ブドウの収量は多めで、ペルゴラやテンドーネ方式の植え方が向くが、寒さにはあまり強くない。この品種は非常に強い品種で、ヴェローナ、ヴィチェンツァを中心に平野部、丘陵部を選ばず栽培されている。また、ヴェネト地方のソアーヴェ、ガンベッラーラ、コッリ・ベリチ、コッリ・エウガネイなどの多くのＤＯＣＧ、ＤＯＣの主原料となっている。

ワインは麦わら色で、苦みを含むアーモンドやサクランボ、ニワトコを思わせる香りを含む。味わいは乾いていて、アルコール分は少なめ、なめらかでアロマ、酸のバランスもよい。食用にされることもあるが、スティルワインのほか、スプマンテやパッシートして甘口ワインにされることもある。

特に、ソアーヴェの丘陵地の沖積土壌、石灰質土壌、玄武岩を含む火山灰質土壌でもそれぞれに特徴をもつワインが生産されている。ワインの味わいも、石灰質土壌ではフロレアルになり、火山性土壌ではグレープフルーツのような柑橘系の香りを含む。

DOCGレチョート・ディ・ソアーヴェやレチョート・ディ・ガンベッラーラもこの品種主体で造られ、アロマを含む心地好い甘みのワインになる。

ピノ・ビアンコ

Pinot Bianco

栽培地域：ヴェネト地方、フリウリ地方を中心にほぼイタリア全土

ピノ種には、ピノ・ネロ種、ピノ・ビアンコ種、ピノ・グリージョ種と三種があるが、いずれも一八世紀から一九世紀にかけてフランスをはじめとする北部の隣接する国からイタリアに伝えられた品種。寒い気候を好む品種であったため、北イタリアを中心に栽培されてきたが、近年では世界的な流行から、中部、南部イタリアでも栽培されるようになり、今ではイタリアのほぼ全土で栽培されている。

ピノ・ビアンコ種は長い間シャルドネ種の仲間と考えられていたが、一九〇六年、モローン博士によってピノ種の仲間であることが確認された。この品種は早生育ちであったことから、ドイツやフランスで栽培されていたが、一部の病気に弱いことから石灰質土壌に植えられることがなかった。しかしイタリアの風通しのよい丘陵や谷間に植えられるようになり、アロマを含むしっかりしたワインとして知られるようになった。

この品種は、あまり肥沃ではない丘陵地や谷間を好み、寒さに強い。ワインは麦わら色で香りが強く、アロマのきいた辛口になる。中程度のボディで酸のバランスがよく、熟成にも向く。また、スプマンテ用にも多く使われている。伝統的にはトレンティーノ＝アルト・アディジェ州を始め、ヴェネト州、ロンバルディア州、フリウリ＝ヴェネツィア・ジューリア州など、北イタリアで多く栽培されてきた。フランチャコルタ、ガルダ、アルト・アディジェ、トレンティーノ、コッリョなどのDOCG、DOCワインに使われる。

ピノ・グリージョ

Pinot Grigio
栽培地域：トレンティーノ・アルト・アディジェ、フリウリ、ロンバルディア地方ほか

この品種は、ピノ・ネロ種の変種といわれている。一四世紀にフランス、ハンガリーで知られるようになり、スピレールもしくはルランダーと呼ばれていた。一八世紀の初めにはドイツで広まり、ルランドという生産者によって知られるようになり、一八〇〇年代末イタリアに入ってきた。丘陵地の泥土質土壌や谷底を好み、グイヨー式に植えられることが多い。ワインにすると、明るい金色がかった黄金色で、ややピンク色を帯びることもある。わずかな香りとアルコールを感じる酸のバランスのよい辛口で、わずかに苦みを含む。近年アメリカ市場で人気を得たことをきっかけに知られるようになった。スプマンテ用または遅摘み用にも使われるが、ほかの二種よりもワインの質としては低い。しかしイタリアでは多く栽培されている。アルト・アディジェ、アクイレイア、コッリョ、ブレガンツェなどのDOCワインがある。

コルテーゼ

Cortese
栽培地域：ピエモンテ地方南部中心に北イタリア
別名：ビアンカ・フェルナンダ（ヴェネト）

コルテーゼ種は、北イタリアのピエモンテ州、アスティとアレッサンドリア中心に植えられる品種で、ロンバルディア、リグーリア、ヴェネトなどほかの北イタリアでも栽培される。黄色がかった麦わら色で、デリケートで特徴的な芳香を含み、わずかに甘みも感じる辛口ワインになる。単醸にも混醸にも向くが、甘口ワインやスプマンテにされることもある。ガヴィやモンフェッラート・コルテーゼのほか、オルトレポー・パヴェーゼ、コッリ・トルトネージなどのＤＯＣＧ、ＤＯＣワインに使われる。

アルネイス

Arneis
栽培地域：ピエモンテ地方アルバを中心とする地域

この品種の伝来は不明であるが、ビアンケット・ピエモンテ種のファミリーに入る。砂地を含む軽い丘陵地を好み、スパリエーラ方式に植えられることが多い。ワインは薄い麦わら色で、繊細な香りを含み、果実香と旨みのあるバランスのよいワインになる。コルテーゼ種やファヴォリータ種、バルベーラ種と混醸されることが多い。またパッシートやスプマンテ用にも向く。ＤＯＣＧロエロやＤＯＣランゲに使用される。

カタッラット

Catarratto

トラパニ周辺を中心にシチリア全土に植えられているシチリアの土着品種。

ビアンコ・コムーネ種とビアンコ・ルチド種の二種があり、その生産量は多く、イタリア全土でもトレッビアーノ種に次ぐ地域で栽培されている。生産されるカタッラット種の8割がルチド種で、品質が高いためといわれる。古くは酒精強化ワイン、マルサラの原料として多く使われてきたが、今日ではイタリア全土に植えられ、多くのDOCワインに使われている。

通常は伝統のアルベレッロ方式に植えられ、ブドウの生産量が多く、アルコールが高く、酸も多めのワインになる。単一でワインにすると、ソーヴィニヨン・ブランに似た香りを放つ。

マルサラほか、アルカモ、エトナ、コンテア・ディ・スクラファーニ、メンフィ、サンブーカ・ディ・シチリア、サンタ・マルゲリータ・ディ・ベリチェなどのDOCに使用されている。

ヴェルドゥッツォ・フリウラーノ

Verduzzo Friulano
栽培地域：フリウリ地方

フリウリ地方のウディネ周辺を中心に古くから植えられる品種。ヴェルデ種とジャッロ種があったが、今日ではそのほとんどがジャッロ種。ラマンドロ地区ではラマンドロとも呼ばれ、甘口デザートワインが造られている。日当たりのよい丘陵地を好み、乾燥してあまり肥沃ではない土地を好む。

ワインは黄金色がかった黄色になり、ブドウの心地好い香りを含む。ややタンニンがあり、甘みと果実味、ハチミツの味わいがある。辛口とデザート用の甘口にされるが、辛口用にはデリケートな味わいの白ワイン用に混醸されることが多い。ウディネ周辺のポルデノーネやゴリッツィアを中心に植えられている。フリウリ地方のほとんどのDOCに単醸ワインとして認められている。

ヴェルドゥッツォ・トレヴィジャーノ

Verduzzo Trevigiano
栽培地域：ヴェネト地方

二〇世紀の初めにサルデーニャ島から運ばれ、トレヴィーゾ周辺からピアーヴェにかけての地域に植えられるようになったといわれるが、サルデーニャの現存ブドウには同種のブドウは見当たらない。

　ワインは麦わら色で乾いたデリケートな苦みを含む味わいがあり、ややアルコールと香りが強く旨みを含む。ヴルドゥッツォ・フリウラーノ種ほかのブドウと混醸されることが多い。

インツォリア

Inzolia
栽培地域：シチリア島全土およびトスカーナ地方のエルバ島周辺
別名：アンソニカ（トスカーナ）、インソリア

シチリア島の主に西部、トスカーナ地方の海岸沿い、エルバ島、モンテ・アルジェンターリオ周辺で植えられている品種。古くは、ギリシャの商人が運んできたもの。あるいは、中世にノルマン人がフランスから移植したともいわれるが来歴は定かではない。ブドウは粒が大きく、暑く雨の少ない気候でも対応できるため、多く海岸沿いに植えられている。単一でワインにするとしっかりした味わいで熟成のきくワインになる。古くは酒精強化ワイン、マルサラの原料、あるいはヴェルモットの原料として使われてきたが、近年では、多くのＤＯＣワインに使用されるようになった。

　シチリアでは、サラパルータ、アルカモ、コンテア・ディ・スクラファーニ、エリチェ、チャッカ、メンフィなどのＤＯＣに、トスカーナでは、エルバ、コスタ・ディ・アルジェンターリオのＤＯＣに使われている。

フリウラーノ

Friulano
栽培地域：フリウリ地方、ヴェネト地方
別名：トカイ、トレビアネッロ、トカ・ビアンコ

　フリウリ地方とヴェネト地方に多く植えられている品種で、特にフリウリ地方で最も生産量の多い白ブドウ。ゴリッツィア、ウディネを中心に栽培されている。

かつてはトカイ・フリウラーノと呼ばれ、ハンガリーから運ばれたという説もあるが、定かではない。一七〇〇年代には既に「トカイ」と呼ばれていた。フランスでは既に消えてしまい、現在チリで一部植えられている品種、ソーヴィニオンナス種に似ているといわれる。残念ながら、EU統合にともない、「トカイ」の名前が使用できなくなった。あまり湿度の高くない石灰質土壌を好む。グイヨー、コルドーネ・スペロナート式に植えられることが多い。

ワインは緑がかった麦わら色で、心地好いワインのデリケートな香りがあり、アーモンドの苦みや干草の香りも含むなめらかな辛口。この地方の品種、リボッラ・ジャッラと混醸されることが多い。飽きのこない味わいで、食事を通して飲める、食事によく合う辛口になる。フリウリのほか、ヴェネト州ではトレビアネッロと呼ばれ、多くのDOCワインに多く使われている。

ピコリット

Picolit
栽培地域：コッリ・オリエンターリ・デル・フリウリ地方

ピコリットの歴史は古く、古代ローマ皇帝やロシア皇帝も愛飲したといわれるが、長い間忘れ去られ、一七〇〇年代に一時名声を博する。第二次世界大戦後、かろうじて、フリウリ地方に受け継がれていた品種をロッカ・ベルナルダ社が商品化し、知られるようになった。しかし、その生産量は二〇万本と少ない。ブドウの粒が小さく、一房に三〇粒程度しかつかず房が小さいことから、ピコリットと呼ばれるようになった。もともと野生に近い品種で、雌しべと雄しべが反転し、結実しにくいことから、ブドウの粒が少なく、この粒に成分が凝縮される。木樽を使って、ゆっくりと発酵させることが多く、デリケートな味わいになる。

ワインは濃い目の麦わら色で、乾燥させるとさらに輝く黄金色へと変わる。デリケートな果実の甘い香り、ハチミツや各種スパイス、アンズの味わいがあり、トータルとして心地好いアロマが残る。甘いといえば甘く、甘くないといえば甘くない、複雑な味わいが長続きする。

熟成ペコリーノチーズやゴルゴンゾーラにハチミツをたらして合わせてみると思いのほかよく合う。

ヴェルメンティーノ

Vermentino
栽培地域：リグーリア地方を中心にサルデーニャ島、トスカーナ地方の海岸沿い、マルケ地方

一般にヴェルメンティーノと呼ばれる品種。スペインからイタリアに伝わったといわれるが、はっきりとしたルートはわかっていない。一三〇〇年頃、コルシカ島を経て、一四〇〇～一八世紀の間に伝わったと思われる。一八〇〇年代初めにリグーリア州のサンレモ周辺に植えられたという記録が残されている。その後さらに南のトスカーナ州マッサ・カラーラ方面へも移植された。近い品種にファヴォリータ種やピガート種がある。平地でも栽培されるが、海の近くの風通しのよい、乾いた丘陵地を好み、寒さには弱い。食用にされることもあるが、ワインにすると麦わら色で緑がかった色になる。デリケートでフルーティな香りを含み、やわらかく、わずかに苦みを残す辛口。一年程度の瓶熟で味わいを増す。乾燥させてデザートワインにすると、ハチミツの香りを含む甘口ワインになる。ほかのブドウと混醸されることも多い。辛口、甘口用のほか、スプマンテ用にも使われる。

リグーリア地方を中心にサルデーニャ島北部、トスカーナ州、マルケ州などに植えられている。主なワインには、サルデーニャ島のDOCヴェルメンティーノ・ディ・サルデーニャ、DOCGヴェルメンティーノ・ディ・ガッルーラ、リグーリア州のDOCチンクエ・テッレ、DOCコッリ・ディ・ルーニ、トスカーナ州のDOCボルゲリ、DOCモンテカルロなどがある。

ヴェルメンティーノ・ネーロ種は、トスカーナ州の海岸沿いで栽培される品種だが、ビアンコ種によく似ていることから、突然変異で黒ブドウになったものと思われる。

ヴェルナッチャ

Vernaccia
栽培地域：トスカーナ地方、マルケ地方、サルデーニャ島の一部

■ヴェルナッチャ・ディ・サン・ジミニャーノ

　ヴェルナッチャ種には、多くの類似品種が存在するが、この品種はギリシャから運ばれ、リグーリア地方のチンクエ・テッレにある海岸沿いの村、ヴェルナッツァに始まり、この名前が付けられたといわれる。

　文献としては、一二七六年のサン・ジミニャーノの役所に残されたものが最も古い。今日でも、サン・ジミニャーノ周辺に多く植えられている。

　石灰質の砂地を好み、グイヨー式に植えられることが多いが、ブドウの収穫量も多い。

　ワインは薄い麦わら色で、香りが強く、アロマティックで、アルコールも感じる。多少熟成させたほうが味わいのあるワインになる。

　トレッビアーノ種と混醸されることが多い。ヴェルナッチャ・ディ・サン・ジミニャーノ（DOCG）のほか、ヴィン・サントにも使われる。

■ヴェルナッチャ・ディ・オリスターノ

　この品種のサルデーニャ島への伝来は古く、フェニキア人によってもたらされたといわれているが確かではない。一四世紀にスペインから伝わったという説もある。沖積土壌の暑い気候を好む。

　ワインにすると琥珀色でやや緑色を帯びる。エーテル香が熟成にしたがって増してくる。苦みを含む辛口ワインで、ピーチの香りがある。アルコール分も一五パーセント以上と高くなる。DOCには、ヴェルナッチャ・ディ・オリスターノがあるが、辛口からアルコールを加えたリクオローゾまでがある。

■ヴェルナッチャ・ネーラ

　この品種は黒ブドウで、マルケ州アンコーナ周辺に植えられ、二〇〇四年、DOCGに認められたヴェルナッチャ・ディ・セッラペトローナに使用されている。

アルバーナ

Albana
栽培地域：ロマーニャ地方
別名：アルバノーネ、アルバーナ・グロッサ、アルバーナ・グラッポロ・ルンゴ

古代ローマ時代から知られる品種。現在ではロマーニャ地方に植えられている。古くは、ローマ周辺のコッリ・アルバーニに植えられていたが、一五世紀には既にボローニャ周辺で栽培されるようになっている。下に長く伸びた房の形が特徴。泥土質の丘陵地を好むが、風に弱い。糖分を多く含むことから、「マッキナ・デイ・ズッケロ（砂糖製造機）」と呼ばれ、辛口から甘口、パッシート、スプマンテまでのワインが造られる。

黄色から琥珀色までの、フルーツ香を含み、苦み、タンニンも感じるアロマティックなワインになる。ロマーニャ地方、フォルリ、ラヴェンナ、ボローニャ周辺で多く栽培されている。

ヴェルディッキオ

Verdicchio
栽培地域：マルケ地方

マルケ地方の品種としてよく知られている。ブドウの色が緑色をしていることから、ヴェルデ（緑）、ヴェルディッキオと名付けられたといわれる。

この品種のDNA鑑定をしたところ、トレッビアーノ・ディ・ソアーヴェ種、トレッビアーノ・ディ・ルガーナ種と同様であることがわかっている。

ブドウの収穫量は少なめで、日当たりのよい丘陵地を好む。土壌は泥土質、石灰質土壌がよいとされている。

ワインにすると麦わら色で緑がかっていて、香りが強く、アーモンドの苦みを含み、一、二年程度の熟成に向く。パッシートやスプマンテにされることもある。

DOCヴェルディッキオ・デイ・カステッリ・ディ・イエージ、DOCヴェルディッキオ・ディ・マテリカほかのワインに使用される。

その他の白ワイン用ブドウ品種

これらの品種のほか、カンパーニア地方には、古くは果実の甘みにミツバチが集まったためアピエーナ（ミツバチ）と呼ばれたフィアーノ種、ローマ時代に既にヴェスーヴィオ火山の麓で栽培され、しっかりした味わいのワインになるグレコ種、ファランギーナ種、房の形がキツネの尻尾に似ていることからコーダ・ディ・ヴォルペ（ラテン語でキツネの尻尾の意）と名付けられたコーダ・ディ・ヴォルペ種があり、シチリアには、マルサラ用に多く使われてきたグリッロ、インツォリア、カタッラット種が、またサルデーニャには、スペインのカタルーニャ地方から伝わり、今日アルゲーロで作られているトルバート種などがある。

ブドウ品種早見表

黒ブドウ

<table>
<tr><th>品種</th><th>栽培地域（州）</th><th>DOCG、DOC</th></tr>
<tr><td rowspan="2">アリアニコ
AGLIANICO</td><td>カンパーニア</td><td>タウラージほか</td></tr>
<tr><td>バジリカータ</td><td>アリアニコ・デル・ヴルトゥレ</td></tr>
<tr><td colspan="3">特徴　アリアニコとは、「ギリシャ伝来」を意味し、古代ローマの時代から知られていた。長熟で力強い赤ワインを生み出す。</td></tr>
<tr><td rowspan="2">カナイオーロ
CANAIOLO</td><td>トスカーナ</td><td>キアンティ、ヴィーノ・ノビレ・ディ・モンテプルチャーノほか</td></tr>
<tr><td>ウンブリア</td><td>トルジャーノほか</td></tr>
<tr><td colspan="3">特徴　トスカーナを始め、マルケ、ウンブリア、ラツィオなど中部イタリアで栽培され、キアンティをはじめとするワインにサンジョヴェーゼ種と混醸されることが多い。</td></tr>
<tr><td rowspan="3">カベルネ
CABERNET（カベルネ・フランCABERNET FRANC、カベルネ・ソーヴィニヨンCABERNET SAUVIGNON）</td><td>トレンティーノ・アルト・アディジェ</td><td>トレンティーノ・アルト・アディジェほか</td></tr>
<tr><td>フリウリ・ヴェネツィア・ジューリア</td><td>フリウリ・コッリ・オリエンターリほか</td></tr>
<tr><td>ヴェネト</td><td>ピアーヴェほか</td></tr>
<tr><td colspan="3">特徴　カベルネ・ソーヴィニヨン、カベルネ・フランともに北イタリアで植えられるが、近年ほかの地域でも栽培されるようになった。力強いワインになる。</td></tr>
<tr><td>カラブレーゼ（ネーロ・ダヴォラ）
CALABRESE(NERO D' AVOLA)</td><td>シチリア</td><td>チェラスオーロ・ディ・ヴィットーリア、コンテッサ・エンテッリーナ</td></tr>
<tr><td colspan="3">特徴　バイオレット色のブドウから造られる。きれいなチェリー色の辛口ワインになる。</td></tr>
<tr><td>ガリオッポ
GAGLIOPPO</td><td>カラブリア</td><td>チロ・ロッソ</td></tr>
<tr><td colspan="3">特徴　南イタリアがギリシャの植民地であった時代から知られる。力強い長熟ワインになる。</td></tr>
</table>

品種	栽培地域（州）	DOCG、DOC
カリニャーノ *CARIGNANO*	サルデーニャ	カリニャーノ・デル・スルチス
特徴　カンノナウ同様、スペインからサルデーニャ島に運ばれた色の濃いブドウ。南フランスではカリニャン、スペインではカリニェーナと呼ばれる。		
カンノナウ *CANNONAU*	サルデーニャ	カンノナウ・ディ・サルデーニャ
特徴　スペインの南部、カタルーニャ地方からの移民によってサルデーニャ島に運ばれたブドウ。島全土に植えられ、長熟ワインになる。		
グリニョリーノ *GRIGNOLINO*	ピエモンテ	グリニョリーノ・ダスティ、グリニョリーノ・モンフェッラート・カザレーゼ
特徴　ピエモンテ地方独自の黒ブドウ。明るく薄いルビー色で、デリケートな香りを含む辛口赤ワインになる。		
サンジョヴェーゼ *SANGIOVESE*	トスカーナ	キアンティ
	エミリア・ロマーニャ	ロマーニャ・サンジョヴェーゼ
	ウンブリア	トルジャーノ・ロッソ・リゼルヴァ、トルジャーノ
特徴　イタリアのほとんど全ての州に植えられ、キアンティの名は世界中で知られる。トスカーナ、ウンブリアをはじめとするほとんどの州で栽培されている。		
サンジョヴェーゼ・グロッソ（ブルネッロ） *SANGIOVESE GROSSO* （*BRUNELLO*）	トスカーナ	ブルネッロ・ディ・モンタルチーノ、ヴィーノ・ノビレ・ディ・モンテプルチャーノほか
特徴　サンジョヴェーゼ種を改良して作られた品種。ブルネッロやヴィーノ・ノビレ・ディ・モンテプルチャーノなどの長熟赤ワインになる。		
スキアーヴァ *SCHIAVA*	トレンティーノ・アルト・アディジェ	アルト・アディジェ、ヴァル・ダディジェ
特徴　13世紀頃からトレンティーノ・アルト・アディジェ地方で植えられるようになったといわれる。香り豊かで軽い味わいの赤ワインになる。		
スキオッペッティーノ *SCHIOPPETTINO*	フリウリ・ヴェネツィア・ジューリア	フリウリ・コッリ・オリエンターリ
特徴　ロンキ・ディ・チャッラ社のラプッツィ・ファミリーによってＤＯＣに認められた。バイオレット色でブドウの香りがあり、タンニンを含むしっかりしたワインになる。		

<table>
<tr><th>品種</th><th>栽培地域（州）</th><th>DOCG、DOC</th></tr>
<tr><td>テロルデゴ
TEROLDEGO</td><td>トレンティーノ・アルト・アディジェ</td><td>テロルデゴ・ロタリアーノ</td></tr>
<tr><td colspan="3">特徴　トレンティーノ周辺に植えられる。アロマティックで、ブドウ香を含むまろやかな味わいのワインになる。</td></tr>
<tr><td>ドルチェット
DOLCETTO</td><td>ピエモンテ</td><td>ドルチェット・ダルバ、ドルチェット・ダスティほか</td></tr>
<tr><td colspan="3">特徴　ピエモンテ州の重要な黒ブドウで、ランゲ地方ではネッビオーロに次ぐ品種。果実味と苦みを含むワインになる。</td></tr>
<tr><td>ネーロ・ダヴォラ（カラブレーゼ）
NERO D'AVOLA(CALABRESE)</td><td>シチリア</td><td>チェラスオーロ・ディ・ヴィットーリア、メンフィ、サラパルータ</td></tr>
<tr><td colspan="3">特徴　紀元前５世紀からシチリア島に植えられていた品種。近年、長熟ワイン用に多くのワイナリーが植えるようになった。</td></tr>
<tr><td>ネグロアマーロ
NEGROAMARO</td><td>プーリア</td><td>サリチェ・サレンティーノ、ブリンディシほか</td></tr>
<tr><td colspan="3">特徴　ヨニコ、ネーロ・レッチェーゼ、ニクラ・アマーロとも呼ばれ、レッチェからブリンディシにかけて作られる。黒く苦みを含むことからこの名前がついた。</td></tr>
<tr><td rowspan="2">ネッビオーロ
NEBBIOLO</td><td>ピエモンテ</td><td>バローロ、バルバレスコ、ガッティナーラ</td></tr>
<tr><td>ロンバルディア</td><td>ヴァルテッリーナ・スペリオーレ、ヴァルテッリーナ、ヴァッレ・ダオスタ</td></tr>
<tr><td colspan="3">特徴　イタリアを代表する高級品種で、ピエモンテ地方アルバを中心に栽培されている。バローロ、バルバレスコなどの長熟ワインを生み出す。</td></tr>
<tr><td>ネレッロ・マスカレーゼ
NERELLO MASCALESE</td><td>シチリア</td><td>エトナ・ロッソ、ファーロほか</td></tr>
<tr><td colspan="3">特徴　シチリアのカターニアからシラクーサ、メッシーナにかけての地域で作られる。ブラックチェリーの色になりスミレの香りを含む。熟成するとピノ・ネロ種に近い味わいになる。</td></tr>
<tr><td rowspan="2">バルベーラ
BARBERA</td><td>ピエモンテ</td><td>バルベーラ・ダルバ、バルベーラ・ダスティほか</td></tr>
<tr><td>マルケ、エミリア・ロマーニャ</td><td>コッリ・ボロニェージ</td></tr>
<tr><td colspan="3">特徴　ピエモンテに始まる素朴な赤ワイン用ブドウ。鮮やかなルビー色でスミレの香りを含み、酸とタンニンが肉の煮込みによく合う。</td></tr>
</table>

<table>
<tr><th>品種</th><th>栽培地域（州）</th><th>DOCG、DOC</th></tr>
<tr><td>ピエディロッソ
PIEDIROSSO</td><td>カンパーニア</td><td>ラクリマ・クリスティ・デル・ヴェスーヴィオ・ロッソ　ソロパーカ</td></tr>
<tr><td colspan="3">特徴　プリニウスの「自然史」のなかでも紹介されている古くからある品種。きれいなルビー色で特徴のあるスミレの香りを含む。</td></tr>
<tr><td rowspan="3">ピノ・ネロ
PINOT NERO</td><td>トレンティーノ・アルト・アディジェ</td><td>トレンティーノ、アルト・アディジェほか</td></tr>
<tr><td>ロンバルディア</td><td>オルトレポー・パヴェーゼほか</td></tr>
<tr><td>フリウリ・ヴェネツィア・ジューリア</td><td>コッリョほか</td></tr>
<tr><td colspan="3">特徴　世界的に知られる品種で、イタリアのなかでも主に北部で栽培され、スプマンテや辛口赤ワインの原料になる。</td></tr>
<tr><td>ブラケット
BRACHETTO</td><td>ピエモンテ</td><td>ブラケット・ダックイ、ピエモンテ（ブラケット）</td></tr>
<tr><td colspan="3">特徴　ピエモンテ州アクイを中心とする地域に植えられる。美しいルビー色でアロマティックかつデリケートな甘みのある甘口赤ワインになる。</td></tr>
<tr><td>プリミティーヴォ
PRIMITIVO</td><td>プーリア</td><td>プリミティーヴォ・ディ・マンドゥーリアほか</td></tr>
<tr><td colspan="3">特徴　ヴェネディクト派の修道士によって17世紀に伝えられたといわれる。移民によってカリフォルニアにも運ばれ、ジンファンデルのもとになった。</td></tr>
<tr><td>フレイザ
FREISA</td><td>ピエモンテ</td><td>ランゲ（フレイザ）ほか</td></tr>
<tr><td colspan="3">特徴　ピエモンテ州のアスティからトリノにかけて多く栽培されるブドウ。混醸されることが多く、新鮮なバラの香りを含むワインになる。</td></tr>
<tr><td rowspan="3">ボナルダ
BONARDA</td><td>ピエモンテ</td><td>ピエモンテ（ボナルダ）</td></tr>
<tr><td>ロンバルディア</td><td>オルトレポー・パヴェーゼ</td></tr>
<tr><td>エミリア・ロマーニャ</td><td>コッリ・ピアチェンティーニ（ボナルダ）</td></tr>
<tr><td colspan="3">特徴　ピエモンテからロンバルディア州にかけて植えられる品種。やわらかく旨みがあり、新鮮でやや甘みのあるワインになる。</td></tr>
</table>

<table>
<tr><th>品種</th><th>栽培地域（州）</th><th>DOCG、DOC</th></tr>
<tr><td>ボンビーノ・ネロ
BOMBINO NERO</td><td>プーリア</td><td>カステル・デル・モンテ、リッツァーノ</td></tr>
<tr><td colspan="3">特徴　プーリア地方バーリ周辺の土着ブドウ。ブドウの収穫量が多いことから、ボン・ヴィーノ（よいワイン）とも呼ばれた。うす目のルビー色でこの地域のほかのブドウと混醸されることが多いが、2011年、カステル・デル・モンテ・ボンビーノ・ネロはＤＯＣＧに昇格した。</td></tr>
<tr><td>マルツェミーノ
MARZEMINO</td><td>トレンティーノ・アルト・アディジェ</td><td>トレンティーノ</td></tr>
<tr><td colspan="3">特徴　強い品種。フルーティでスミレや木イチゴの香りを含み、活き活きとして厚みのある辛口赤ワインになる。</td></tr>
<tr><td rowspan="3">メルロー
MERLOT</td><td>トレンティーノ・アルト・アディジェ</td><td>トレンティーノ、アルト・アディジェほか</td></tr>
<tr><td>フリウリ・ヴェネツィア・ジューリア</td><td>コッリョ、フリウリ・グラーヴェほか</td></tr>
<tr><td>ヴェネト</td><td>コッリ・ベリチ、ピアーヴェ</td></tr>
<tr><td colspan="3">特徴　北イタリアで多く植えられる品種。日常ワインから上級ワインまで、木イチゴなどの新鮮な香りを放つワインになる。</td></tr>
<tr><td rowspan="2">モンテプルチャーノ
MONTEPULCIANO</td><td>アブルッツォ</td><td>モンテプルチャーノ・ダブルッツォ</td></tr>
<tr><td>マルケ</td><td>ロッソ・コーネロほか</td></tr>
<tr><td colspan="3">特徴　起源ははっきりしていないが、200年ほど前、アブルッツォ地方で作られるようになったといわれる。アブルッツォ、マルケなどをはじめ、中部から南部にかけて作られている。</td></tr>
<tr><td>ラグレイン
LAGREIN</td><td>トレンティーノ・アルト・アディジェ</td><td>トレンティーノ、アルト・アディジェ</td></tr>
<tr><td colspan="3">特徴　トレンティーノ・アルト・アディジェ地方で古くから栽培される黒ブドウ。バラ色がかった明るいルビー色で新鮮味のあるワインになる。</td></tr>
<tr><td rowspan="2">ランブルスコ
LAMBRUSCO</td><td>エミリア・ロマーニャ</td><td>ランブルスコ・ディ・ソルバーラ、ランブルスコ・ディ・サンタ・クローチェほか</td></tr>
<tr><td>ロンバルディア／プーリア</td><td>ランブルスコ・マントヴァーノほか</td></tr>
<tr><td colspan="3">特徴　エミリア地方の平野部で栽培される黒ブドウ。濃いルビー色の甘口から辛口の発泡性赤ワインにされる。</td></tr>
</table>

品種	栽培地域（州）	DOCG、DOC
レフォスコ *REFOSCO*	フリウリ・ヴェネツィア・ジューリア	フリウリ・コッリ・オリエンターリほか
	ヴェネト	リゾン・プラマッジョーレほか
特徴 通常ペドゥンコロ・ロッソと呼ばれ、茎の枝の部分が赤い色をしている。ルビー色で、ブドウ香を含むワインになる。		

白ブドウ

品種	栽培地域（州）	DOCG、DOC
アルネイス *ARNEIS*	ピエモンテ	ロエロ・アルネイス、ランゲ（アルネイス）
特徴 起源ははっきりしないが、ネッビオーロ・ビアンコとも呼ばれる。アルバ周辺で栽培され、フレッシュ感があり、味わい深いワインになる。		
アルバーナ *ALBANA*	エミリア・ロマーニャ	ロマーニャ・アルバーナ
特徴 古くからロマーニャ地方に植えられていた品種。糖分を多く含み、「マッキナ・ディ・ズッケロ（砂糖製造機）」と呼ばれ、しっかりした味わいのワインになる。		
ヴェルディッキオ *VERDICCHIO*	マルケ	ヴェルディッキオ・デイ・カステッリ・ディ・イエージほか
	ラツィオ／ウンブリア	
特徴 マルキジャーノ、トレッビアーノ・ヴェルデとも呼ばれ、麦わら色で花の香りとアロマを含むワインになる。魚料理によく合う。		
ヴェルデーカ *VERDECA*	プーリア	ロコロトンド、マルティーナ
特徴 ヴェルドーネ、ヴィーノ・ヴェルデとも呼ばれる。プーリア地方のバーリを中心に作られ、独特のアロマを含む辛口ワインになる。		
ヴェルドゥッツォ *VERDUZZO*	フリウリ・ヴェネツィア・ジューリア	フリウリ・グラーヴェ、フリウリ・コッリ・オリエンターリほか
特徴 フリウリ地方の丘陵地帯に多く植えられている品種。柑橘系の風味があり、熟成にしたがい甘みを帯びてくる。		

<table>
<tr><th>品種</th><th>栽培地域（州）</th><th>DOCG、DOC</th></tr>
<tr><td rowspan="2">ヴェルナッチャ
VERNACCIA</td><td>トスカーナ</td><td>ヴェルナッチャ・ディ・サン・ジミニャーノ</td></tr>
<tr><td>サルデーニャ</td><td>ヴェルナッチャ・ディ・オリスターノ</td></tr>
<tr><td colspan="3">特徴　スペインまたはギリシャからリグーリア地方を経て、トスカーナに伝わった品種とサルデーニャに伝わった品種がある。しっかりした味わいのワインになる。</td></tr>
<tr><td rowspan="2">ヴェルメンティーノ
VERMENTINO</td><td>サルデーニャ</td><td>ヴェルメンティーノ・ディ・ガッルーラ</td></tr>
<tr><td>リグーリア</td><td>ヴェルメンティーノ・ディ・サルデーニャ</td></tr>
<tr><td colspan="3">特徴　1300年代、アラゴン王朝の時代にスペインからリグーリア、サルデーニャに伝えられた品種といわれる。フルーティでデリケートな味わいのワインになる。</td></tr>
<tr><td>カタッラット
CATARRATTO</td><td>シチリア</td><td>アルカモ、マルサラほか</td></tr>
<tr><td colspan="3">特徴　古くからシチリア島の北西部で作られ、マルサラの原料とされてきた。アルカモの白ワインに用いられ、新鮮なブドウの香りを含むワインになる。</td></tr>
<tr><td>ガルガーネガ
GARGANEGA</td><td>ヴェネト</td><td>ソアーヴェ、ガンベッラーラ</td></tr>
<tr><td colspan="3">特徴　ェネト地方で多く栽培される。ソアーヴェやガンベッラーラなど新鮮でソフトな味わいの白ワインになる。</td></tr>
<tr><td>グリッロ
GRILLO</td><td>シチリア</td><td>マルサラ</td></tr>
<tr><td colspan="3">特徴　フィロキセラ禍時にプーリアからシチリアにもち込まれたブドウではないかといわれている。酒精強化ワイン、マルサラの原料として使われていたが、今日ではDOC、アルカモ、コンテア・ディ・スクラファーニ、コンテッサ・エンテッリーナ、エリチェなどに使われている。ブドウの皮が厚く、アルコールが高めのワインとなる。</td></tr>
<tr><td>グレーラ
GLERA</td><td>ヴェネト</td><td>コネリアーノ・ヴァルドッビアデネ・プロセッコ、プロセッコ（トレヴィーゾ）、プロセッコ（トリエステ）</td></tr>
<tr><td colspan="3">特徴　ヴェネト州のコネリアーノからヴァルドッビアデネにかけての丘陵地で栽培され、アロマを含み心地好い味わいがあることから、プロセッコの名のスプマンテとして知られるようになった。現在はヴェネト州とフリウリ州の広い地域で栽培されている。</td></tr>
</table>

品種	栽培地域（州）	DOCG、DOC
グレコ *GRECO*	カンパーニア	グレコ・ディ・トゥーフォ
	プーリア	グラヴィーナ
特徴　グレーコ・デル・ヴェズーヴィオとも呼ばれた古くから知られる品種で、ローマ時代ヴェスーヴィオ火山の麓で作られていた。しっかりとした味わいのワインになる。		
コーダ・ディ・ヴォルペ *CODA DI VOLPE*	カンパーニア	ラクリマ・クリスティ・デル・ヴェスーヴィオ、ファーロほか
特徴　ブドウの房がキツネの尻尾に似ていることから、コーダ・ディ・ヴォルペ（ラテン語でキツネの尻尾の意）と名づけられた。ヴェスーヴィオ火山の麓に多く植えられている。		
コルテーゼ *CORTESE*	ピエモンテ	ガヴィ、コルテーゼ・デッラルト・モンフェッラート
特徴　ピエモンテ地方南部が原産で比較的寒さに強い品種。単醸、混醸両方に向き、ワインではガヴィが有名。		
シャルドネ *CHARDONNAY*	トレンティーノ・アルト・アディジェ	アルト・アディジェ、トレンティーノほか
	ヴェネト	コッリ・エウガネイほか
特徴　ブルゴーニュ地方から伝えられた品種で、ピノ・ビアンコ種と似ている。リンゴや甘草、ハチミツ、アカシアを思わせる上品なワインになる。		
ソーヴィニヨン・ブラン *SAUVIGNON BLANC*	フリウリ・ヴェネツィア・ジューリア	フリウリ・イゾンツォ、フリウリ・コッリ・オリエンターリほか
	ヴェネト	コッリ・ベリチほか
	ロンバルディア	アルト・アディジェ
	エミリア・ロマーニャ	
特徴　フランスから北イタリアに取り入れられた品種。アロマティックかつなめらかなワインになる。		

<table>
<tr><th>品種</th><th>栽培地域（州）</th><th>DOCG、DOC</th></tr>
<tr><td rowspan="2">トラミネル
TRAMINER</td><td>トレンティーノ・アルト・アディジェ</td><td>トレンティーノ、アルト・アディジェほか</td></tr>
<tr><td>フリウリ・ヴェネツィア・ジューリア</td><td>コッリョほか</td></tr>
<tr><td colspan="3">特徴　アルザス、チロルに生まれた品種といわれる。アロマティックでなめらかなワインになる。</td></tr>
<tr><td>トルバート
TORBATO</td><td>サルデーニャ</td><td>アルゲーロ（トルバート）</td></tr>
<tr><td colspan="3">特徴　ほかの品種と一緒にスペインのカタルーニャ地方からもち込まれた品種。今日、アルゲーロで作られ、果肉が厚く旨みを含むワインになる。</td></tr>
<tr><td rowspan="4">トレッビアーノ
TREBBIANO</td><td>ヴェネト</td><td>ソアーヴェ、ルガーナ</td></tr>
<tr><td>ウンブリア</td><td>オルヴィエートほか</td></tr>
<tr><td>エミリア・ロマーニャ</td><td>ロマーニャ・トレッビアーノ</td></tr>
<tr><td>ラツィオ</td><td>フラスカティほか</td></tr>
<tr><td colspan="3">特徴　イタリア全土で広く栽培される白ブドウ。ソアーヴェ、フラスカティ、オルヴィエートなど多くのイタリア白ワインの原料になっている。</td></tr>
<tr><td>ノジオーラ
NOSIOLA</td><td>トレンティーノ・アルト・アディジェ</td><td>ヴァル・ダディジェ、トレンティーノ</td></tr>
<tr><td colspan="3">特徴　トレント周辺で19世紀の初めに生まれた品種といわれる。風味豊かで果実感も残るソフトなワインになる。</td></tr>
<tr><td>パンパヌート
PAMPANUTO</td><td>プーリア</td><td>カステル・デル・モンテ・ビアンコ</td></tr>
<tr><td colspan="3">特徴　プーリア地方のバーリ周辺で作られるブドウ。黄色がかった麦わら色で新鮮なブドウ香を含むシンプルなワインになる。</td></tr>
<tr><td>ピガート
PIGATO</td><td>リグーリア</td><td>リヴィエラ・リグレ・ディ・ポネンテ</td></tr>
<tr><td colspan="3">特徴　サヴォーナ周辺で作られるブドウ。ヴェルメンティーノ種と相性がよい。味わい深くアロマティック。</td></tr>
</table>

<table>
<tr><th>品種</th><th>栽培地域（州）</th><th>DOCG、DOC</th></tr>
<tr><td>ピコリット
PICOLIT</td><td>フリウリ・ヴェネツィア・ジューリア</td><td>フリウリ・コッリ・オリエンターリ、コッリョ</td></tr>
<tr><td colspan="3">特徴　古代ローマ時代から栽培され、ローマ法王やロシア皇帝も愛飲したといわれる。アカシアの芳香を含み、調和の取れた甘口ワインになる。</td></tr>
<tr><td rowspan="2">ピノ・グリージョ
PINOT GRIGIO</td><td>トレンティーノ・アルト・アディジェ</td><td>トレンティーノ、アルト・アディジェほか</td></tr>
<tr><td>フリウリ・ヴェネツィア・ジューリア</td><td>コッリョ、フリウリ・コッリ・オリエンターリほか</td></tr>
<tr><td colspan="3">特徴　近年アメリカで人気を得た品種。ピノ・ネロ種の性格を受け継いでおり、干し草やクルミの香りを含む辛口ワインになる。</td></tr>
<tr><td rowspan="2">ピノ・ビアンコ
PINOT BIANCO</td><td>トレンティーノ・アルト・アディジェ</td><td>トレンティーノ、アルト・アディジェほか</td></tr>
<tr><td>フリウリ・ヴェネツィア・ジューリア</td><td>コッリョほか</td></tr>
<tr><td colspan="3">特徴　ブルゴーニュ地方を経てイタリアに伝えられたといわれ、北イタリアの広い地域で栽培されている。しっかりした味わいで10年の熟成に耐えるものもある。</td></tr>
<tr><td rowspan="2">フィアーノ
FIANO</td><td>カンパーニア</td><td>フィアーノ・ディ・アヴェッリーノ</td></tr>
<tr><td>プーリア</td><td></td></tr>
<tr><td colspan="3">特徴　古くは“アピエーナ（ミツバチ）”と呼ばれた。果実の甘みにミツバチが集まったため、こう呼ばれたといわれる。濃密で心地好い香りの調和の取れた辛口ワインになる。</td></tr>
<tr><td rowspan="2">フリウラーノ
FRIULANO</td><td>フリウリ・ヴェネツィア・ジューリア</td><td>コッリョ、フリウリ・コッリ・オリエンターリ</td></tr>
<tr><td>ヴェネト</td><td></td></tr>
<tr><td colspan="3">特徴　ハンガリーのトカイとは異なる。食事によく合うフリウリ地方の日常ワイン用ブドウ。苦みを含むバランスの取れた辛口白ワインとなる。</td></tr>
<tr><td>ボンビーノ・ビアンコ
BOMBINO BIANCO</td><td>プーリア</td><td>サン・セヴェロ、カステル・デル・モンテ・ビアンコ</td></tr>
<tr><td colspan="3">特徴　スペインから伝えられた品種ともいわれるが確かではない。麦わら色で心地好いワインの香りを含む辛口ワインになる。</td></tr>
</table>

品種	栽培地域（州）	DOCG、DOC
マルヴァジア *MALVASIA*	ラツィオ	フラスカティ、マリーノ、コッリ・アルバーニほか
	マルケ	
	ウンブリアほか	
特徴　中部イタリアをはじめとする広い地域で栽培される品種。丘陵地と平野では個性が異なり、辛口、甘口ともに特徴のあるワインになる。		
ミュッラー・トゥルガウ *MULLER-THURGAU*	トレンティーノ・アルト・アディジェ	トレンティーノ、アルト・アディジェほか
	フリウリ・ヴェネツィア・ジューリア	コッリョ
特徴　ドイツのガイゼンハイムでブドウを研究したスイス人、ミュッラー・トゥルガウ氏がリースリング・レナーノとシルヴァネルをかけ合わせて作ったアロマティックなワイン。		
モスカート *MOSCATO*	ピエモンテ	アスティ、モスカート・ダスティ
	シチリアほか	モスカート・ディ・パンテッレリアほか
特徴　イタリアの多くの地域で古くから作られるブドウ。フルーティでマスカットのアロマを含み、アスティ・スプマンテなどの甘口ワインになる。		
リースリング *RIESLING*	ロンバルディア	オルトレポー・パヴェーゼ
	トレンティーノ・アルト・アディジェ	トレンティーノ、アルト・アディジェ
	フリウリ・ヴェネツィア・ジューリア	コッリョほか
特徴　ドイツから入ってきた品種。レナーノとイタリコがある。レナーノはアロマティックなワイン。イタリコは新鮮な果実の香りを楽しめるワイン。		
リボッラ・ジャッラ *RIBOLLA GIALLA*	フリウリ・ヴェネツィア・ジューリア	フリウリ・コッリ・オリエンターリ、フリウリ・グラーヴェほか
特徴　12世紀には既にフリウリ地方に存在していたといわれる品種。ソフトで新鮮味があり、調和の取れたワインになる。		

■ 2 章掲載の店舗一覧

銀座寿司幸本店
中央区銀座 6-3-8　☎ 03-3571-1968

天ぷら一宝
中央区銀座 6-8-7　交詢ビル5F　☎ 03-3289-5011

懐石料理　花がすみ
港区元赤坂 2-2-23　明治記念館 B1　☎ 03-3746-7733
https://meijikinenkan.gr.jp/restaurant/hanagasumi.html

京おばんざい　日本橋はんなりや
中央区日本橋室町 1-11-15 UNOビル 2F　☎ 03-3245-1233
http://www.hannariya.jp

すき焼き　日山
中央区日本橋人形町 2-5-1　☎ 03-3666-2901
http://hiyama-gr.com/kappou/

ウナギ　野田岩
港区東麻布 1-5-4　☎ 03-3583-7852
www.nodaiwa.co.jp/omise.html

鉄板焼き　一徹
港区新橋 1-2-6　第一ホテル東京 21F　☎ 03-3596-7812

しゃぶしゃぶ　日山
中央区日本橋人形町 2-5-1　☎ 03-3666-2901
http://hiyama-gr.com/kappou/

焼肉　やまと
船橋市本町 6-12-4　☎ 047-422-4129
http://29yamato.com/index.html

焼き鳥　バードランド
中央区銀座 4-2-15 塚本素山ビル B1F　☎ 03-5250-1081
http://ginza-birdland.sakura.ne.jp/

串揚げ　なかや
中央区人形町 2-10-7 山田ビル 2F　☎ 03-3527-3628

鳥料理　宵の口
港区赤坂 4-3-29　☎ 03-5575-7433
http://www.yoinokuchi.com/

林　茂（はやし しげる）

1954年静岡県生まれ。1978年埼玉大学経済学部卒業。1978年SUNTORY株式会社入社。1982〜1986年、1990〜1999年の13年半にわたるイタリア駐在の後、2005年にコンサルティング会社『SOLOITALIA』を設立し、現在に至る。また、2009〜2014年までEATALY JAPAN 株式会社代表取締役社長を務める。主著は『基本イタリア料理』『基本イタリアワイン』（TBSブリタニカ）、『イタリアのBARを楽しむ』（三田出版会）、『イタリアワインをたのしむ本』『イタリアの食卓、おいしい食材』『イタリア式、少しのお金でゆったり暮らす生き方』（以上講談社）、『林茂のイタリアワイン講座』（飛鳥出版）、『イタリアワインの教科書』（イカロス出版）、『最新基本イタリアワイン第４版』（CCCメディアハウス）、『国家が破綻しても人生は楽しい？』（万来舎）など多数。1995年、イタリアにおいて日本人として初めてソムリエの資格取得（AIS／イタリアソムリエ協会）。
＜受賞＞1991年、PREMIO CATERINA DI MEDICI（カテリーナ・ディ・メディチ賞）、PREMIO MARIA LUIGIA（マリア・ルイージャ賞）。1993年、PREMIO OSPITARITA（オスピタリタ賞）。2016年、CAVALIERE ONORARIO DEL TARTUFO E DEI VINI D'ALBA（アルバ・ワインとトリュフの名誉騎士）、PREMIO EMOZIONE（エモツィオーネ賞：世界ソムリエ協会〈ASI〉イタリア）、PREMIO ITALIAN CUISINE WORLD SAMMIT。2017年、CAPITANO SPADARINO (SOAVE)。

装幀：引田 大（H.D.O.）
本文デザイン：市川由美

和食で愉しむイタリアワイン

2018年4月24日　初版第１刷発行

著　者：林　茂
発行者：藤本敏雄
発行所：有限会社万来舎
〒102-0072　東京都千代田区飯田橋2-1-4　九段セントラルビル803
電話　03(5212)4455　E-Mail letters@banraisha.co.jp
印刷所：シナノ印刷株式会社

ISBN9978-4-908493-25-6